实用化学实验

《实用化学》编写组 编

修订版

苏州大学出版社

图书在版编目(CIP)数据

实用化学实验/郭英敏主编；《实用化学》编写组编.—修订本.—苏州：苏州大学出版社，2019.6(2020.6重印)
教育部职业教育与成人教育司推荐教材　五年制高等职业教育文化基础课教学用书
ISBN 978-7-5672-2804-7

Ⅰ.①实… Ⅱ.①郭… ②实… Ⅲ.①化学实验－高等职业教育－教材　Ⅳ.①O6-3

中国版本图书馆CIP数据核字(2019)第094619号

声　明

非经我社授权同意，任何单位和个人不得编写出版与苏大版高职系列教材配套使用的教辅读物，否则将视作对我社权益的侵害。

特此声明。

苏州大学出版社

实用化学实验·修订版
《实用化学》编写组　编
责任编辑　徐　来

苏州大学出版社出版发行
(地址：苏州市十梓街1号　邮编：215006)
常州市武进第三印刷有限公司印装
(地址：常州市武进区湟里镇村前街　邮编：213154)

开本 787mm×1092mm　1/16　印张 4.5　字数 110 千
2019 年 6 月第 1 版　2020 年 6 月第 2 次印刷
ISBN 978-7-5672-2804-7　定价：15.00 元

苏州大学版图书若有印装错误，本社负责调换
苏州大学出版社营销部　电话：0512-67481020
苏州大学出版社网址　http://www.sudapress.com
苏州大学出版社邮箱　sdcbs@suda.edu.cn

修订版前言

五年制高职公共基础课系列教材自1998年出版以来,历经多次修订,从体例到内容更加成熟,质量不断提升,得到了各使用学校师生的普遍认可和肯定,并顺利通过教育部组织的专家审定,列入教育部向全国推荐使用的高等职业教育教材,成为我国职业院校公共基础课的品牌教材之一。

随着我国进入新的发展阶段,发展职业教育被摆在教育改革创新和经济社会发展中更加突出的位置,职业教育教材建设环境持续发生变化。首先,为建设现代化经济体系和实现更高质量更充分的就业,新的国家高等职业教育人才培养方案、课程标准等陆续出台,职业院校课程结构调整及公共基础课教学改革持续推进,这些均对教材建设提出了新要求。其次,我国现代职业教育体系不断完善,中高职教育衔接贯通等培养模式的探索也要求教材建设与之适应。此外,经过十多年的变迁,原版教材的作者情况变化较大,确有需要从教学一线吸收新的骨干力量参加到教材建设工作中来。

为此,我们再次组织一批教师对教材进行调整修订。本次修订以更加贴近一线教师的教学实际,更加适应学生的学习水平与学习习惯为原则,同时适当参考了部分优秀初高中教材和高职教材中对有关内容的最新论证和表述,修正了部分内容。为充分发挥教材在人才培养中的积极作用,进一步提高育人功能,为对接当代科技发展趋势和市场需求,更新了更具时效性和时代特征的习题与阅读材料。我们期望新版修订教材既能切合新时期学生发展的实际,保证学生应有的人文和科学素养,又能为学生专业课程的学习、终身学习和自主发展铺路架桥、夯实基础。

在五年制高职公共基础课教材十多年来的建设过程中,我们得到了江苏省教育厅、江苏联合职业技术学院及各有关院校的热情关心和大力支持;本次教材修订也是在原教材编写者和历次修订者多年来付出的辛勤劳动和工作成果的基础上进行的,修订工作得到了他们一如既往的理解和帮助。在此,我们谨表示最诚挚的感谢!

与教材配套使用的《学习指导与训练》也做了同步修订。另外,供教师使用的《教学参考用书》(电子版)可访问苏州大学出版社网站(http://www.sudapress.com)"下载中心"参考或下载。

五年制高等职业教育教材编审委员会
2019 年 2 月

修订说明

为了适应教学改革不断深入发展的需要,我们于1999年成立了五年制高等职业教育化学教材编写组,按照原江苏省教委审定的五年制高职《实用化学》教学大纲,经广泛征求意见和反复讨论,着手编写五年制高等职业教育试用教材《实用化学》以及相配套的《实用化学实验》,并于2000年出版供教学试用。2001年我们又出版了《实用化学教学参考书》,2003年出版了《实用化学学习指导与训练》。

《实用化学》《实用化学实验》自2000年出版以后,历经2002年、2006年、2014年三次修订。2018年,我们充分汲取了五年制高职院校一线化学教师、专业课教师及部分学生的意见和建议,对《实用化学》《实用化学实验》《实用化学学习指导与训练》进行了全面的修订。根据五年制高职人才培养目标及五年制学生的生源素质的变化情况,修订中对部分章节进行了整合与调整,使其更符合学生的认知规律。理论部分以实用、够用、能用及服务专业、兼顾学生的可持续发展为原则,适当降低难度,强化技能性、策略性知识介绍。在上一版修订的基础上,本次修订对部分内容进行了适当的增删或改写,力求做到简明扼要,重点鲜明,图文并茂,强调理论联系实际;对经典化学内容的文字叙述,力求做到深入浅出、通俗易懂;在化学与营养、材料、能源、环境等内容的修订上,进一步强化了化学与人类社会生活、生产及科学技术方面的密切联系,并对过时、陈旧及与化学关联度不大的内容进行了删减或更新。对原版中的课外阅读材料、习题也做了较大程度的更新。书中加"*"部分为选学内容。

《实用化学》《实用化学实验》原主编为王淑芳,原副主编为臧大存、葛竹兴、汪明银、周少红、曹国庆、蒋玲,参加历次编写修订的有:丁敬敏、王业根、王纪丽、王和才、伍天荣、沈默、张国泰、邵琪、周红霞、夏红、党彩霞、徐锁平、周大农、魏大复、刘凤云、张金兴、王业根、张龙、黄志良、李清秀、高春、陈香、许颂安、郭小仪、金培珍、顾卫兵、蒋云霞、丁敏娟、李亚、何雪雁、黄允芳、周浩。

本次修订版由南京工程高等职业学校的郭英敏任主编,常州轻工职业技术学院的戴伟民审定,编写修订人员有:苏州建设交通高等职业技术学校的杨芳负责第一章、第二章及实验一、实验二、实验三,江苏省南通卫生高等职业技术学校的何雪雁负责第三章、第四章及实验四、实验五、实验六,江苏省徐州医药高等职业学校的丁文文负责第五章、第六章及实验七、实验八,盐城生物工程高等职业技术学校的江俊芳负责第七章、第八章及实验九、实验十、实验十一,常州刘国钧高等职业技术学校的周凯负责第九章、第十章及实验十二、实验十三、实验十四。

由于编者水平有限,书中难免有不当之处,恳切希望读者批评指正,我们对此表示诚挚的谢意。

《实用化学》编写组

2019年5月

目 录

CONTENTS

化学实验须知	(1)
实验一 化学实验基本操作	(4)
实验二 同周期、同主族元素性质的比较	(8)
实验三 溶液的配制	(13)
实验四 化学反应速率 化学平衡	(18)
实验五 电解质溶液 配位化合物	(21)
实验六 氧化还原反应和原电池	(27)
实验七 烃的性质	(30)
实验八 烃的衍生物的性质	(35)
*实验九 糖类、脂肪、蛋白质的性质	(40)
*实验十 铝、锌、铜、铬、铁、锰的性质和鉴定	(45)

*实验十一　酚醛树脂的制取　几种塑料、纤维的鉴别
　　　　　胶黏剂的使用
　　　………………………………………………………………（52）

*实验十二　铅蓄电池
　　　………………………………………………………………（56）

*实验十三　水中常见离子的检验及硬水软化
　　　………………………………………………………………（57）

*实验十四　几种工业废水的处理
　　　………………………………………………………………（61）

附录　一些试剂的配制
　　　………………………………………………………………（63）

化学实验须知

化学实验是学习化学的重要手段,在化学教学中占有重要地位。化学实验的主要任务是通过实验,使学生进一步理解和巩固所学知识;掌握实验基本操作技术;培养独立思考、发现问题、解决问题的能力;培养实事求是和严谨的科学态度,树立辩证唯物主义观点,养成良好的实验习惯,为将来从事生产实践和科学实验打下一定的基础。

要做好化学实验,除了高度重视以外,还应注意以下几个问题:

一、实验前认真做好预习,明确实验目的和基本原理,了解实验内容、方法和步骤,明确实验操作。

二、实验应在教师指导下按实验要求进行。要仔细观察、认真记录、深入思考,联系理论学习得出正确结论,实事求是地完成实验报告。若实验现象不够理想或实验完全失败,要在教师指导下,分析其原因,重新做实验。

三、熟悉安全常识,重视实验安全,规范实验操作。

四、爱护仪器,节约药品,仪器和药品要按规定取用。

五、遵守纪律,保持实验室的整洁。

六、实验完毕,必须清洗仪器,并将仪器按要求存放。若有仪器损坏,应进行登记。实验结束,要求关好水、电、门、窗后方能离开实验室。

试剂使用规则

一、取试剂时，应看清瓶签上的试剂名称与浓度，切勿拿错。

二、共用试剂用后必须放回原来位置。

三、试剂应按规定的量取用。未规定用量的，应注意节约。取出的试剂不得倒回原瓶，应倒入教师指定的容器中。

四、固体试剂应使用洁净、干燥的药匙取用。用过的药匙须洗净后才可再次使用。试剂取用后应立即盖好瓶盖，以防止试剂被沾污或变质。

五、少量液体试剂常用滴管或吸管取用。取用试剂时，滴管应保持垂直，不得触及所使用的容器壁，不可倒立，以防止试剂被沾污。滴管用完后应立即插回原瓶。取用过试剂的吸管须洗净后才能另取其他试剂。

六、要求回收的试剂应放入指定的回收容器中。

化学实验安全规则

一、不允许把各种化学药品任意混合，以免发生意外事故。

二、凡是有刺激性气味、有恶臭、有毒的实验，都应在通风橱里或在室外通风的空地上进行。

三、进行易挥发、易燃物质的实验，要注意远离明火。

四、不能用手直接接触药品，更不能品尝药品的味道。闻物质的气味时，用手扇动气体入鼻。

五、严禁在实验室里饮食或将食品、餐具等带进实验室。

六、加热试管时，不要将试管口对着别人或自己，也不要俯视正在加热的液体。

七、浓酸、浓碱具有强腐蚀性，切勿溅在衣服或皮肤上。稀释浓硫酸时，应将浓硫酸慢慢注入水中，且不断搅拌，切勿将水注入浓硫酸中。

八、使用电器时，应注意安全，用毕应及时切断电源。

实验室意外事故的处理

一、被玻璃割伤时，伤口内若有玻璃碎片，应先取出，然后抹上红汞药水并包扎。

二、烫伤时，可用高锰酸钾或苦味酸溶液揩洗伤处，再擦上凡士林或烫伤油膏。伤势较重者，必须立即送医院救治。

三、眼睛或皮肤若被强酸或强碱溅着，应立即用大量清水冲洗，然后强酸用碳酸氢钠稀溶液冲洗，强碱用硼酸稀溶液冲洗，最后再用清水冲洗。

四、若吸入氯气、氯化氢气体，可立即吸入少量酒精和乙醚的混合蒸气解毒。因吸入硫化氢气体而感到不适时，应立即到室外呼吸新鲜空气。

五、如有毒物进入口内，可将 5~10 mL 稀硫酸铜溶液加入一杯温水中，内服后用手指伸入咽喉部,促使呕吐,然后立即去医院接受治疗。

六、若因酒精、苯或乙醚等引起着火,应立即用湿布或沙土(实验室应备有灭火沙箱)等扑灭。若遇电气设备着火,必须先切断电源,再用二氧化碳或四氯化碳灭火器灭火。

七、触电时,应首先切断电源,必要时再进行人工呼吸。对伤势较重者,必须立即送医院进行抢救。

实验一　化学实验基本操作

一、预习思考

1. 使用酒精灯时应注意些什么？
2. 固体试剂、液体试剂应如何取用？
3. 加热盛有固体或液体物质的试管时,应注意些什么？
4. 玻璃器皿洗净的标准是什么？

二、实验目的

1. 了解化学实验的规则和要求。
2. 认识常用玻璃器皿并学会洗涤方法。
3. 学会固体和液体试剂的取用。
4. 掌握用试管作器皿加热物质的方法。

三、实验内容与步骤

1. 物质的称量。

托盘天平(图 1-1)常用于精确度要求不高的称量,一般能称准到 0.1 g。使用步骤如下:

(1) 调零点:称量前,先将游码拨到游码标尺的"0"位处,检查天平的指针是否停在标尺的中间位置;若不在中间位置,可调节天平托盘下侧的平衡调节螺丝,直到天平的指针停在标尺中间的"0"位处。

(2) 称量:称量时,被称物放在左托盘中央,用镊子夹取砝码放在右托盘中央。从指针偏移方向判断两盘轻重。加砝码时,遵循由大到小的原则。当砝码的质量加到相差 5 g 以下时,移动游码,直到天平的指针停在标尺的中间位

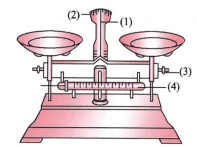

(1) 指针 (2) 标尺 (3) 平衡调节螺丝 (4) 游码标尺

图 1-1　托盘天平

置,记录所加砝码和游码的质量。

注意:药品不能直接放在托盘上进行称量,可放在称量纸或表面皿上,也可放在烧杯中。

(3)称量完毕,应将砝码放回砝码盒中,游码移至刻度"0"处,天平的两个托盘重叠后,放在天平的一侧,使天平休止,以保护天平的刀口。

若要进行准确的称量,可根据要求的精确度选用精密天平。

2. 酒精灯的使用。

酒精灯是化学实验中最常用的加热工具,常用于加热温度不需太高的实验,其火焰温度在 400 ℃~500 ℃。

使用酒精灯前,应先检查灯芯,如果灯芯顶端已烧平或烧焦,可用镊子向上拉一下,剪去焦处。需添加酒精时,添加酒精量不能超过酒精灯容积的 2/3。绝不允许向燃着的酒精灯内添加酒精,以免发生危险。

点燃酒精灯时,应使用火柴,绝不能用燃着的酒精灯去点燃另一盏酒精灯(图1-2)。酒精灯连续使用时间不能太长,以免酒精灯灼热后,灯内酒精大量汽化而发生危险。

熄灭酒精灯时,必须用灯帽盖灭,不能用嘴吹灭,以免发生危险。

酒精灯不用时,须盖好灯帽,以免灯芯上的酒精挥发,酒精灯不易点着。

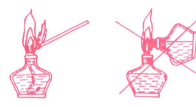

图 1-2 酒精灯的点法

3. 玻璃器皿的洗涤。

要取得实验的预期效果,必须把仪器洗干净。每做完一次实验,就应立即把仪器洗干净,否则某些物质会粘在仪器内壁上,不易洗掉,影响下次实验的效果。用过的塞子和导管等也应冲洗干净。洗涤非计量仪器,如烧杯、试管、试剂瓶等,一般可以使用毛刷蘸洗衣粉、洗涤剂或去污粉直接刷洗,或使用针对性洗涤剂浸洗,用自来水冲洗,再用少量蒸馏水淋洗 2~3 次。洗涤和计量有关的仪器,如容量瓶、滴定管等,一般用洗液浸后洗涤。洗涤合格的玻璃仪器,内外壁上应均匀地被水润湿,不挂水珠。如果有难于洗净的仪器,可将其交实验管理员统一处理。

实验中经常要用到干燥的玻璃仪器。洗净后不急用的玻璃仪器可倒置在实验柜内或仪器架上晾干;急用的玻璃仪器可放在电烘箱内烘干(放进去前应尽量把水倒尽),也可用电吹风吹干;烧杯和蒸发皿可放在石棉网上用小火烤干;试管可直接用小火烤干(操作时,试管口向下,来回移动,烤到不见水珠时,使管口向上,以便赶尽水汽);带有刻度的计量仪器可用易挥发的有机溶剂(如酒精或酒精与丙酮体积比为 1∶1 的混合液)荡洗后晾干,不能用加热的方法进行干燥,以免影响仪器的精度。

4. 药品的取用。

实验所用的药品,有的有毒性,有的有腐蚀性,因此,药品的取用必须按一定的规则进行。

(1)固体的取用。

取用粉末状或小颗粒的药品,要用洁净、干燥的药匙。往试管里装粉末状药品时,为了避免药粉沾在试管口和管壁上,可先将试管倾斜或平放,用药匙(或用洁净的硬纸片折成"V"字形纸槽)把药品小心地送到试管下部,然后再把试管竖直,使药品全部落到试管底部。

取用块状药品或金属颗粒,要用洁净的镊子夹取。装入试管时,应先把试管平放,把颗粒放进试管后,再把试管慢慢竖立,使颗粒缓慢地滑到试管底部。

取用药品的药匙和镊子,每用完一次,必须擦洗干净,绝不能用沾有药品的药匙或镊子另取其他药品。

(2)液体的取用。

取用一定体积的液体时,常用量筒。向试管或量筒中倒入液体的方法见图1-3。读取量筒里液体容积数据时,眼睛应平视,和液体凹面的最低处相切(图1-4)。

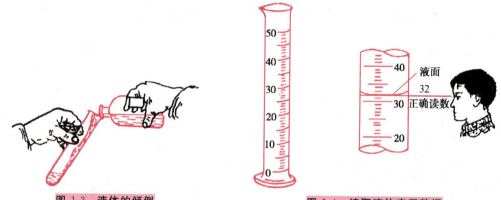

图1-3 液体的倾倒　　　　图1-4 读取液体容积数据

取少量溶液时,要用滴瓶上所附的滴管或用单独的干净滴管。不要使药液进入滴管上的胶管内,以免沾污药液和损坏胶管。用滴管向容器或试管中滴加药液时,不要使滴管碰在容器壁上。

注意不要用手直接拿药品,也不要去品尝药品的味道。不要直接嗅药品的气味,要用手扇闻(图1-5)。

在试管中进行化学反应时,所取溶液的体积通常都是近似值。请学生按下列步骤操作,测定1 mL水的滴数:取10 mL量筒一个,用滴管逐滴向量筒中加水至3 mL,记录加入水的滴数。重复操作两次,取平均值。每毫升水的滴数为_____滴。

5. 加热的方法。

(1)加热液体物质可用试管、烧杯、烧瓶、蒸发皿等器皿。在加热烧杯或烧瓶中的液体时,其底部要垫石棉网,使它受热均匀。烧热的玻璃器皿也不能和冷物体接触,以免炸裂。

图1-5 闻气味的方法

(2)加热盛有液体的试管时,液体体积不要超过试管容积的三分之一。加热前,将试管外壁的水擦干,以免加热时试管受热不均而炸裂。加热时,应先使试管均匀受热,然后小心地给试管中的液体的中下部加热,并不时地上下移动试管,试管口不要对着别人或自己。热试管的底部不要和酒精灯的灯芯接触,以免使试管骤冷而炸裂。加热试管时,火焰不宜高出试管内液面,否则试管上部很热时,溅上液体会使试管炸裂。

(3) 加热固体药品时,可将固体药品装入试管底部,铺平,管口略向下倾斜,以免管口的冷凝水滴倒流而使试管炸裂。加热前需先将试管外壁擦干,以免加热时试管炸裂。加热时,应先预热,再集中加热。

6. 化学实验常用仪器(图 1-6)及其绘制方法(图 1-7)。

图 1-6 化学实验常用仪器

图 1-7 几种常用仪器绘制方法(主要表示各部分的比例)

实验二 同周期、同主族元素性质的比较

一、预习思考

1. 同周期、同主族元素,随着原子序数的递增,元素性质有何递变规律?
2. 镁条、铝片与水反应前为什么要用细砂纸摩擦表面?
3. 金属钠、钾为什么要保存在煤油中?
4. 为什么氯单质能从 NaBr、NaI 中置换出溴、碘单质?
5. 单质铝、氧化铝、氢氧化铝均具有两性,试以铝在元素周期表中的位置加以说明。
6. 卤素在水和四氯化碳中的溶解度有明显差异,为什么?
7. 如何鉴别 NaCl、NaBr 和 NaI?

二、实验目的

1. 加深对碱金属、卤素及其化合物性质的理解。
2. 加深对同周期、同主族元素及其化合物性质递变规律的认识,进一步证明元素周期律的科学性和正确性。

三、仪器和药品

1. 仪器:100 mL 烧杯、表面皿、镊子、小刀、细砂纸、试管、酒精灯、玻璃片。
2. 药品:金属钠,金属钾,镁条,铝片,酚酞试液,氯水,溴水,碘水,CCl_4,0.1 mol·L^{-1} NaBr、NaI、NaCl 和 $AgNO_3$ 溶液,稀 HNO_3 和稀 HCl 溶液(约 2 mol·L^{-1}),淀粉,漂白粉,有色纸片(用品红染红后干燥的滤纸)或有色的鲜花瓣。

四、实验内容与步骤

1. 卤素性质。

(1) 氯水的颜色、气味。

观察氯水的颜色,然后将盛有氯水的试剂瓶打开,小心扇闻氯水的气味。氯水呈＿＿＿色,有＿＿＿＿气味。

(2) 漂白粉的漂白作用。

实验内容与步骤	实验现象	结论和反应方程式
有色纸片 少量漂白粉和1 mL稀盐酸	＿＿＿＿＿＿＿ ＿＿＿＿＿＿＿ 。	漂白粉的有效成分是＿＿＿＿。加入盐酸的作用是(用化学反应方程式表示)＿＿＿＿＿＿＿。 具有漂白作用的物质是＿＿＿＿＿＿＿。

(3) Br_2、I_2 在水和 CCl_4 中的溶解性比较。

在水中		加入 CCl_4 并振荡	
1 mL 溴水 呈＿＿色。	1 mL 碘水 呈＿＿色。	10滴CCl_4 溴水 上层呈＿＿色, 下层呈＿＿色。	10滴CCl_4 碘水 上层呈＿＿色, 下层呈＿＿色。

以上实验说明:Br_2、I_2 在 CCl_4 中的溶解度＿＿＿＿(填"大于"或"小于")在水中的溶解度。

(4) Cl^-、Br^-、I^- 的检验。

实验内容与步骤	实验现象	化学方程式
2滴0.1 mol·L^{-1} $AgNO_3$溶液 1 mL 0.1 mol·L^{-1} NaCl溶液	有＿＿＿生成, 颜色为＿＿＿。	$NaCl + AgNO_3 =\!=\!=$
2滴0.1 mol·L^{-1} $AgNO_3$溶液 1 mL 0.1 mol·L^{-1} NaBr溶液	有＿＿＿生成, 颜色为＿＿＿。	$NaBr + AgNO_3 =\!=\!=$
2滴0.1 mol·L^{-1} $AgNO_3$溶液 1 mL 0.1 mol·L^{-1} KI溶液	有＿＿＿生成, 颜色为＿＿＿。	$KI + AgNO_3 =\!=\!=$

在上述3支试管中各加入几滴稀硝酸,观察到沉淀均_____(填"难"或"易")溶于稀硝酸。

2．同周期元素性质的递变(钠、镁、铝与水反应)。

(1) 钠与水反应。

用镊子从煤油中取出一块金属钠,放在玻璃片上,用滤纸吸干煤油,再用小刀切去一端外皮(切下部分仍放回煤油中),观察到新切的断面具有_____色金属光泽。片刻后,金属钠的光泽_____,说明钠易被空气中的氧气氧化,生成_____。

用小刀切取绿豆大小的钠块(剩余部分放回煤油中),用镊子把切下的钠块小心放入盛有30 mL水(滴入2滴酚酞试液)的100 mL小烧杯中,迅速盖上玻璃片,观察并记录反应现象。

实验内容与步骤	实验现象	化学方程式
(图:钠块,水+酚酞)	有_____产生。 溶液呈_____色。	Na + H₂O ══ 说明溶液显_____性。

(2) 镁、铝与水反应。

取镁条和铝片,用砂纸擦去表面的氧化膜,观察镁、铝单质,呈_____色,然后分别将其放入盛有2 mL水的试管中,各滴入2滴酚酞试液,观察并记录反应现象。

实验内容与步骤	实验现象	化学方程式
(图:2滴酚酞试液,镁条+水,加热)	镁在冷水中_____反应, 溶液呈_____色; 镁在热水中_____反应, 溶液呈_____色。	Mg + H₂O ══
(图:2滴酚酞试液,铝片+水,加热)	铝在冷水中_____反应, 溶液呈_____色; 铝在热水中_____反应, 溶液呈_____色。 结论:____比____与水反应快。	Al + H₂O ══ 结论:金属性____>____。

3．同主族元素性质的递变。

(1) 钠、钾活泼性比较。

用小刀切取绿豆大小的钾块(剩余部分放回煤油中),用镊子把切下的钾块小心地放入盛有30 mL水(滴入2滴酚酞试液)的100 mL烧杯中,迅速盖上玻璃片,可以看到金属钾＿＿＿＿＿＿＿＿＿＿＿＿＿＿。反应过程中＿＿＿＿（填"有"或"无"）燃烧现象产生,火焰呈＿＿＿＿色。反应后水溶液呈＿＿＿＿色。反应方程式为＿＿＿＿＿＿。金属钾与金属钠相比,金属＿＿＿＿和水的反应更加剧烈,说明＿＿＿＿比＿＿＿＿化学性质更加活泼。

（2）Cl_2、Br_2、I_2 活泼性比较。

实验内容与步骤	实验现象	化学方程式
5滴氯水 10滴0.1 mol·L⁻¹ NaBr溶液	溶液由＿＿色变为＿＿色。加 CCl_4（15 滴）充分振荡后,CCl_4 层的颜色为＿＿＿＿＿。	$NaBr+Cl_2 =\!=\!=$ 结论:非金属性＿＿＞＿＿。
5滴溴水 10滴0.1 mol·L⁻¹ KI溶液	溶液由＿＿色变为＿＿色。加 CCl_4（15 滴）充分振荡后,CCl_4 层的颜色为＿＿＿＿＿。	$KI+Br_2 =\!=\!=$ 结论:非金属性＿＿＞＿＿。

从以上实验结果可以得出,卤素单质活泼性的顺序是＿＿＿＞＿＿＿＞＿＿＿。

兴趣实验

听指挥的液滴

这是一个简单而有趣的化学实验游戏,却包含了很深刻的分子结构知识。

实验操作:

（1）在表面皿中加入约一半容积的四氯化碳,然后用滴管小心地向液面上滴一滴蒸馏水,此时水滴呈球形浮在四氯化碳液面上,用嘴轻轻吹气可使水珠移动。

*（2）取一根玻璃棒,在丝绸上摩擦数十次,将摩擦过的一端靠近水滴,可以观察到水滴随着玻璃棒的移动而移动。这一奇妙的现象证明:水是＿＿＿＿＿＿分子,而四氯化碳是＿＿＿＿＿＿分子。

说明:向四氯化碳液面上滴加水滴时要小心操作,用嘴吹动水珠时也要轻吹,以防水珠分散而使实验现象不明显。

侦察指纹

在一张洁净而平整的纸上按一指印,当然看不出留有什么痕迹。

小心加热盛有1/4体积的碘酒溶液的试管,待管口出现紫色蒸气时,将按有指印的白纸置于试管口上方,不久你就会得到一个明显的棕色指纹。

说明:
(1) 碘蒸气有毒,不可吸入。
(2) 这一实验很灵敏,即使几个月前的指纹仍可检查出来,不妨拿用过的书本试试。

巧破密信

(1) 在一张吸水性较好的纸上,用玻璃棒蘸取碘化钾淀粉溶液写字,然后将纸晾干,待用。这时在纸上看不出有什么字迹。

(2) 再往上述纸上喷洒氯水,于是就会显现出纸上所写的字迹了。

实验三　溶液的配制

一、预习思考

1. 应该怎样称取 NaCl 固体？
2. 将烧杯里的溶液转移到容量瓶中以后，为什么要用蒸馏水洗涤烧杯和玻璃棒 2～3 次，并将洗涤液也全部转移到容量瓶中？
3. 在用容量瓶配制溶液时，混匀溶液后，如果凹液面最低处在标线以下，是否应该再加蒸馏水至凹液面最低处与标线相切？
4. 如何正确使用容量瓶？

二、实验目的

1. 学习溶液的配制方法。
2. 学习容量瓶的正确使用方法。

三、仪器和药品

1. 仪器：托盘天平、量筒（10 mL、100 mL）、烧杯、容量瓶（250 mL）、玻璃棒、滴管、药匙。
2. 药品：NaCl 固体、$Na_2SO_4 \cdot 10H_2O$ 固体、6.0 mol·L^{-1} HCl 溶液。

四、实验内容与步骤

1. 容量瓶的使用。

容量瓶常用于准确配制一定浓度、一定体积的溶液。容量瓶是细颈、梨形的平底玻璃瓶，瓶口配有玻璃磨砂瓶塞，瓶颈上刻有环形标线，瓶上还标有容量和温度。当注入液体至标线时，表示在瓶上标示的温度（一般为 20 ℃）时，液体体积为容量瓶上所标出的容量。这种容量瓶一般是量入式的量器，用 In 表示，用来测定注入量器内溶液的体积。常用容量瓶的规格有 50 mL、100 mL、250 mL 等多种。

(1) 使用前应检查容量瓶加塞后是否漏水,并洗净容量瓶。试漏的方法是:在瓶内注入自来水至标线附近,盖好瓶塞,右手指尖托住瓶底边缘,左手食指按住瓶塞,倒立 2 分钟,观察瓶塞周围是否有水漏出。若不漏水,将瓶正立,将瓶塞旋转 180°后塞紧,再倒立试漏一次。不漏水的容量瓶才能使用。

容量瓶塞为玻璃磨砂瓶塞,与容量瓶配套使用,常用橡皮筋或结实的细绳将瓶塞固定在瓶颈上。

(2) 配制溶液时,若为固体试剂,应将称好的试剂先放在烧杯里用适量蒸馏水溶解,再将溶液在玻璃棒的引流下转移到容量瓶中,如图 3-1 所示。然后用少量蒸馏水洗涤烧杯和玻璃棒 2~3 次,用同样的方法将洗涤液也转移到容量瓶中,完成定量转移。加蒸馏水将溶液稀释至体积为容量瓶的 3/4 时,旋摇容量瓶,使溶液初步混合(此时不要盖上瓶塞倒转摇动)。缓缓加蒸馏水至液面在标线以下 1~2 cm 时,改用滴管加蒸馏水至凹液面最低处与标线相切(视线应与标线相平),盖好瓶塞,将容量瓶倒转振摇数次,使溶液混匀,如图 3-2 所示。若为液体试剂,应先用吸量管(或移液管)将所需体积的液体转入烧杯中,加入适量蒸馏水稀释后,再定量转移到容量瓶中,定容,混匀。

图 3-1 将溶液从烧杯转移至容量瓶

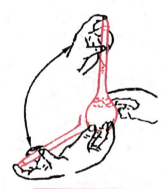

图 3-2 振摇容量瓶

(3) 容量瓶使用完毕,应洗净、晾干(应在瓶塞与瓶口处垫张纸条,以免瓶塞与瓶口粘连)。

用水代替溶液练习容量瓶的使用方法。

2. 溶液的配制。

(1) 配制 250 mL 1.0 mol·L^{-1} NaCl 溶液。

① 计算:配制 250 mL 1.0 mol·L^{-1} NaCl 溶液,需要 NaCl 固体_____ g。

② 称量:用托盘天平[①]称取所需质量的 NaCl 固体,放入 100 mL 烧杯中。

③ 溶解:向烧杯中加入适量蒸馏水,用玻璃棒搅拌,使 NaCl 完全溶解。

④ 定量转移:将烧杯中的 NaCl 溶液在玻璃棒的引流下,转移到 250 mL 容量瓶中,再用少量蒸馏水洗涤烧杯和玻璃棒 2~3 次,将洗涤液也转移到容量瓶中。

[①] 用容量瓶准确配制一定浓度、一定体积的溶液,称量固体时,应使用分析天平。从五年制高职的实际情况考虑,本实验仍使用托盘天平称量固体。

⑤ 定容:加蒸馏水将溶液稀释至体积为容量瓶的 3/4 时,旋摇容量瓶,使溶液初步混合。继续往容量瓶中加蒸馏水至液面在标线以下 1~2 cm 时,改用滴管滴加蒸馏水,至凹液面最低处与标线相切,盖好瓶塞。

⑥ 混匀:将容量瓶倒转振摇,再直立,如此反复数次,使溶液混匀。

(2) 配制 250 mL 10 g·L^{-1} Na$_2$SO$_4$ 溶液。

① 计算:配制质量浓度为 10 g·L^{-1} 的 Na$_2$SO$_4$ 溶液 250 mL,需要 Na$_2$SO$_4$·10H$_2$O 固体 _____ g。

② 称量:用托盘天平称取所需质量的 Na$_2$SO$_4$·10H$_2$O 固体,放入 100 mL 烧杯中。(以下操作与配制 NaCl 溶液的③~⑥步相同,略)

(3) 用 6.0 mol·L^{-1} HCl 溶液配制 250 mL 0.1 mol·L^{-1} HCl 溶液。

① 计算:配制 250 mL 0.1 mol·L^{-1} HCl 溶液,需要 6.0 mol·L^{-1} HCl 溶液 _____ mL。

② 量取溶液:用量筒①量取所需体积 6.0 mol·L^{-1} HCl 溶液,倒入 100 mL 烧杯中。用少量蒸馏水润洗量筒 2~3 次,将洗涤液也倒入烧杯中,加适量蒸馏水稀释,用玻璃棒搅拌溶液,使其混匀。(以下操作与配制 NaCl 溶液的④~⑥步相同,略)

阅读材料

体积分数和消毒酒精

我们知道,溶液组成可以用物质的量浓度 c_B、质量浓度 ρ_B 和质量分数 w_B 等来表示。其实,溶液组成还有其他的表示方法,其中比较重要的是体积分数。

体积分数是以溶质的体积与溶液的总体积之比来表示溶液的组成的方法,符号为 φ_B,表达式为 $\varphi_B = \dfrac{V_B}{V}$。对于一些溶质为液体的溶液,如酒精和甘油等,常用体积分数来表示其浓度。

市售无水酒精的 $\varphi_B \geq 99.5\%$,普通酒精和医用酒精的 $\varphi_B = 95\%$,消毒酒精的 $\varphi_B = 75\%$。配制消毒酒精的方法是用量筒量取 79 mL 医用酒精($\varphi_B = 95\%$),加蒸馏水稀释到 100 mL。

乙醇能使蛋白质变性,具有杀菌消毒作用。试验表明,当乙醇含量 φ_B 为 65%~75%时,其消毒效果最佳。为此,医学上把 $\varphi_B = 75\%$ 的乙醇溶液称为消毒酒精。

此外,在临床上,φ_B 为 30%~50% 的乙醇溶液可以用来给高热病人擦浴,以达到物理退热、降温的目的;$\varphi_B = 50\%$ 的乙醇溶液还可用来预防褥疮。

---

① 使用容量瓶准确配制一定浓度、一定体积的溶液时,应同时使用吸量管(或移液管)移取液体试剂。从五年制高职的实际情况考虑,本实验暂用量筒量取。

波尔多液

波尔多液是一种广谱无机杀菌剂,由硫酸铜、生石灰和水按一定比例配制而成,有效成分为碱式硫酸铜。它呈天蓝色,碱性,是胶状的悬浊液。

波尔多液是一种保护性杀菌剂,喷洒药液后,在植物体和病菌表面形成一层很薄的药膜,该膜不溶于水,但在二氧化碳、氨、植物体及病菌分泌物的作用下,可使可溶性铜离子逐步增加而起杀菌作用,能有效地阻止孢子发芽,防止病菌侵染,并有促使叶色浓绿、生长健壮,提高植物体抗病能力的功能。该制剂具有杀菌谱广、持效期长、病菌不会产生抗性、对人畜低毒等特点,是应用历史最长的一种杀菌剂。

1. 波尔多液的配制。

原料:硫酸铜——选质纯、蓝色结晶的硫酸铜(即蓝矾);生石灰——选质纯、色白的块状生石灰;水。

配制方法:波尔多液的配合式一般可分为生石灰少量式、生石灰半量式、等量式、生石灰多量式、生石灰倍量式、生石灰三倍式等多种。具体配合比如下:

单位:kg

配合式	硫酸铜	生石灰	水	备注
生石灰少量式	1	0.25~0.4	100~200	
生石灰半量式	1	0.5	100~200	
等量式	1	1	100~200	如用熟石灰,用量增加30%左右
生石灰多量式	1	1.5	100~200	
生石灰倍量式	1	2	100~200	
生石灰三倍式	1	3	100~200	

配制时,先把硫酸铜和生石灰分别放入一个容器中,各用一半水溶解,待两溶液温度一致时,滤去残渣,将硫酸铜溶液缓缓倒入石灰液中,边倒边搅拌,即成波尔多液。

2. 波尔多液的使用。

波尔多液的应用以植物体发病前或发病初期喷雾效果最好,一般连续喷洒2~4次即可控制病害。

3. 配制及使用注意事项。

(1)配制时一般使用缸或其他非金属容器,不能用金属容器;混合时必须将硫酸铜溶液缓缓倒入石灰液中,不可将石灰液倒入硫酸铜溶液中,否则配制的波尔多液质量较差。

(2)波尔多液须随用随配。因为放置时间过长,悬浮的胶粒会互相聚合而沉淀,对杀菌作用有一定的影响。

(3) 不同的农作物对铜和生石灰的敏感性不同,因此要按农作物的品种不同选用适宜比例的波尔多液,防止产生药害。

(4) 宜选择晴天喷洒,阴雨、多雾天气及农作物开花期容易发生药害,不宜使用。

(5) 波尔多液不能与遇碱分解的药剂混用。

(6) 水果和蔬菜类植物在采收前半个月不要喷洒波尔多液,以免果蔬上残留药液。

实验四 化学反应速率 化学平衡

一、预习思考

浓度、温度和催化剂是如何影响化学反应速率和化学平衡的?

二、实验目的

1. 加深对浓度、温度和催化剂对化学反应速率影响的理解。
2. 进一步认识浓度和温度对化学平衡的影响。

三、仪器和药品

1. 仪器：量筒、烧杯、滴管、装有 NO_2 和 N_2O_4 的平衡球、试管、试管架、表面皿、药匙、酒精灯、温度计、木条、玻璃棒。

2. 药品：$0.1\ mol \cdot L^{-1}\ H_2SO_4$ 溶液、$0.1\ mol \cdot L^{-1}\ Na_2S_2O_3$ 溶液、3‰ H_2O_2 溶液、$0.1\ mol \cdot L^{-1}\ FeCl_3$ 溶液、$0.1\ mol \cdot L^{-1}\ NH_4SCN$ 溶液、MnO_2 粉末、$NaOH$ 固体。

四、实验内容与步骤

1. 影响化学反应速率的因素。

（1）浓度对化学反应速率的影响。

取 2 支试管，编号为 1、2，按下表中规定的量加入 $0.1\ mol \cdot L^{-1} Na_2S_2O_3$ 溶液和蒸馏水，摇匀。

另取 2 支试管，编号为 3、4，分别加入 2 mL $0.1\ mol \cdot L^{-1} H_2SO_4$ 溶液，然后将 3、4 号试管中的溶液同时分别倒入 1、2 号试管中，并迅速混匀，观察出现浑浊的先后顺序（为了便于观察，可以在试管后侧衬一张黑色或蓝色纸片），将实验结果填入下表：

编号	0.1 mol·L⁻¹ Na₂S₂O₃ 溶液/mL	蒸馏水/mL	0.1 mol·L⁻¹ H₂SO₄ 溶液/mL	出现浑浊的先后顺序
1	4	—	2	
2	2	2	2	

化学方程式：_____。

结论：增大反应物的浓度，化学反应速率_____。

(2) 温度对化学反应速率的影响。

取 2 支试管，编号为 1、2，分别加入 2 mL 0.1 mol·L⁻¹ Na₂S₂O₃ 溶液。另取 2 支试管，编号为 3、4，分别加入 1 mL 0.1 mol·L⁻¹ H₂SO₄ 溶液，然后将 1、3 号试管置于室温下，2、4 号试管放入高于室温 20 ℃ 的水浴中加热。片刻后，将 3 号试管中的稀硫酸倒入 1 号试管，同样再将 4 号试管中的稀硫酸倒入 2 号试管（注意不要弄错），观察出现浑浊的先后顺序，并将实验结果填入下表：

编号	0.1 mol·L⁻¹ Na₂S₂O₃ 溶液/mL	0.1 mol·L⁻¹ H₂SO₄ 溶液/mL	温度	出现浑浊的先后顺序
1	2(1号试管)	1(3号试管)	室温	
2	2(2号试管)	1(4号试管)	水浴	

结论：升高温度，化学反应速率_____。

(3) 催化剂对化学反应速率的影响。

取 2 支试管，分别加入 2 mL 质量分数为 3‰ 的 H_2O_2 溶液，其中一支再加入少量 MnO_2，观察产生气体的先后顺序。

H_2O_2 分解反应的化学方程式为_____，MnO_2 的作用是_____，加入 MnO_2 后 H_2O_2 的分解速率_____。

结论：实验表明，催化剂能够_____。

2. 浓度和温度对化学平衡的影响。

(1) 浓度对化学平衡的影响。

在小烧杯里加入 0.1 mol·L⁻¹ $FeCl_3$ 溶液和 0.1 mol·L⁻¹ NH_4SCN 溶液各 1 mL，溶液呈现_____色，反应的化学方程式为_____。

用蒸馏水将上述溶液稀释 5 倍（可以适当增减蒸馏水的用量，使溶液的颜色适中，便于观察），然后把溶液分装在 1、2、3 三支试管中，进行下列实验：

实验内容与步骤	实验现象	解释与结论
FeCl₃ 溶液数滴 → 2 1 NH₄SCN 溶液数滴 → 3	试管 2 溶液颜色比试管 1 _____。 试管 3 溶液颜色比试管 1 _____。	增加反应物浓度，化学平衡向_____移动。

(2)温度对化学平衡的影响。

取装有 NO_2 和 N_2O_4 的平衡球,观察混合气体的颜色,然后将它的两端分别置于热水与冰水之中(如下图),注意观察记录两球中气体颜色的变化,并予以解释。

实验内容与步骤	实验现象	结论、解释或化学方程式
	混合气体呈____色。 其中 NO_2 呈____色, N_2O_4 呈____色。	化学方程式: $NO_2 \rightleftharpoons$ ____。
	热水中球内气体的颜色变____。	温度升高,平衡向____移动。
	冰水中球内气体的颜色变____。	温度降低,平衡向____移动。

结论:以上实验表明,$2NO_2 \rightleftharpoons N_2O_4$ 的正反应是____热反应。

兴趣实验

"消字灵"的配制与使用

"消字灵"能有效地消除书写错的蓝(红)钢笔墨水字迹,也能消除衣物上沾染的钢笔墨水斑点。"消字灵"的配制方法如下:

(1)分别配制 50 mL Na_2CO_3 饱和溶液及 30 mL 硼砂饱和溶液(可加热,以加快溶解)。

(2)将上述两种饱和溶液全部倒入同一烧杯中,再加入 20 mL 10% NaClO 溶液,搅匀即为"消字灵",然后装入茶色细口瓶中,保存于阴凉处,有效期为 2~3 个月。

"消字灵"的使用方法:在纸上书写钢笔字,然后将一张滤纸或吸水性较强的纸垫在书写纸的下面,用火柴棒裹上脱脂棉花后沾少许"消字灵"涂擦字迹,1分钟内字迹将变色并随即消失。

实验五　电解质溶液　配位化合物

一、预习思考

1. 测定溶液 pH 的方法有哪些？
2. 相同浓度的 HAc 和 HCl 溶液中 $c(H^+)$ 是否相同？pH 是否相同？为什么？
3. $Al_2(SO_4)_3$、Na_2CO_3、NaCl 都是正盐，它们的水溶液是否都呈中性？请按 pH 由小到大的顺序进行排列。
4. $NaHCO_3$ 和 $NaHSO_3$ 都是酸式盐，试比较相同浓度的两种溶液 pH 的大小。
5. 离子互换反应进行的条件有哪些？
6. $[Ni(NH_3)_6]SO_4$ 在水溶液中主要以哪些微粒存在？
7. 配合物与复盐的主要区别是什么？

二、实验目的

1. 加深对强、弱电解质的理解。
2. 学会用 pH 试纸测定溶液的 pH，并能判断溶液的酸碱性。
3. 加深对盐类水解的理解。
*4. 了解配合物的生成和组成，以及配离子与简单离子的区别。
*5. 了解配合物与复盐的区别。

三、仪器和药品

1. 仪器：点滴板、酒精灯、试管、试管夹。
2. 药品：$0.1\ mol \cdot L^{-1}$ NaOH、$NH_3 \cdot H_2O$、HAc 和 HCl 溶液，$1\ mol \cdot L^{-1}$ NaAc 溶液，$6\ mol \cdot L^{-1}$ HCl 溶液，$0.1\ mol \cdot L^{-1}$ $Al_2(SO_4)_3$、Na_2CO_3、NH_4Ac、NaCl、$AgNO_3$、$BaCl_2$、$CuSO_4$、NaF、$FeCl_3$、$NiSO_4$、$NH_4Fe(SO_4)_2$、$K_3[Fe(CN)_6]$、$AgNO_3$ 溶液，$6\ mol \cdot L^{-1}$ $NH_3 \cdot H_2O$ 溶液，$0.5\ mol \cdot L^{-1}$ Na_2SO_4 溶液，大理石，$FeCl_3$ 固体，广泛 pH 试纸，酚酞试液等。

四、实验内容与步骤

1. 强电解质和弱电解质。

在白色点滴板的 5 个凹穴中,按下表次序各加 2 滴试液,分别用广泛 pH 试纸测定它们的 pH。

被测溶液	pH 测定值	溶液酸碱性
$0.1\ mol \cdot L^{-1}$ HAc 溶液		
$0.1\ mol \cdot L^{-1}$ HCl 溶液		
$0.1\ mol \cdot L^{-1}$ $NH_3 \cdot H_2O$ 溶液		
$0.1\ mol \cdot L^{-1}$ NaOH 溶液		
蒸馏水		

相同浓度的 HAc 溶液的 pH _____ 于 HCl 溶液的 pH,说明 HAc 溶液的酸性比 HCl 溶液的酸性 _____。这是因为 HAc 是 _____ 电解质,而 HCl 是 _____ 电解质。

相同浓度的 $NH_3 \cdot H_2O$ 溶液的 pH _____ 于 NaOH 溶液的 pH,说明 $NH_3 \cdot H_2O$ 溶液的碱性比 NaOH 溶液的碱性 _____。这是因为 $NH_3 \cdot H_2O$ 是 _____ 电解质,而 NaOH 是 _____ 电解质。

2. 盐类水解及其影响因素(温度、酸碱度)。

(1) 盐类水解。

在点滴板的各凹穴中分别滴入 $0.1\ mol \cdot L^{-1}$ 的 $Al_2(SO_4)_3$、Na_2CO_3、NH_4Ac 和 NaCl 溶液各 2 滴,用广泛 pH 试纸测定它们的 pH,并判断溶液的酸碱性。

盐 类	溶液 pH	溶液酸碱性	水解反应的离子方程式
$Al_2(SO_4)_3$			$Al^{3+} + 3H_2O \rightleftharpoons Al(OH)_3 + 3H^+$
Na_2CO_3			$CO_3^{2-} + H_2O \rightleftharpoons HCO_3^- + OH^-$
NH_4Ac			$NH_4^+ + Ac^- + H_2O \rightleftharpoons NH_3 \cdot H_2O + HAc$
NaCl			不水解

结论:_____ 盐水解,溶液呈酸性;_____ 盐水解,溶液呈碱性;_____ 盐不水解,溶液呈中性;_____ 盐强烈水解。

(2) 温度和酸碱度对盐类水解的影响。

① 取 2 支试管,各加入约 1 mL $1\ mol \cdot L^{-1}$ NaAc 溶液和 1 滴酚酞试液,观察溶液的颜色。将其中一支试管加热至近沸,观察溶液颜色的变化。

实验内容与步骤	溶液颜色	解释与结论
NaAc 溶液＋酚酞		$Ac^- + H_2O \rightleftharpoons HAc + OH^-$
NaAc 溶液＋酚酞（加热）		加热_____（填"抑制"或"促进"）水解，平衡向_____移动。

② 取一小块 $FeCl_3$ 固体，放入小烧杯中用水溶解，观察溶液颜色。将溶液分成 3 份，第一份作对照，第二份加 2 滴 6 mol·L^{-1} HCl 溶液，第三份用酒精灯加热。观察第二份、第三份溶液颜色的变化并与第一份进行比较。

实验内容与步骤	溶液颜色	解释与结论
$FeCl_3$ 溶于水		$Fe^{3+} + 3H_2O \rightleftharpoons Fe(OH)_3 + 3H^+ - Q$（表示吸热）
$FeCl_3$ 溶液中加入 HCl 溶液		加酸_____（填"抑制"或"促进"）水解，平衡向_____移动。
加热 $FeCl_3$ 溶液		加热_____（填"抑制"或"促进"）水解，平衡向_____移动。

3. 离子反应。

（1）生成沉淀的反应。

实验内容与步骤	实验现象	离子方程式
2滴0.1 mol·L^{-1} $AgNO_3$溶液 1 mL 0.1 mol·L^{-1} HCl溶液　1 mL 0.1 mol·L^{-1} NaCl溶液	两支试管中均有____生成。	
2滴0.1 mol·L^{-1} $BaCl_2$溶液 1 mL 0.1 mol·L^{-1} H_2SO_4溶液　1 mL 0.1 mol·L^{-1} Na_2SO_4溶液	两支试管中均有____生成。	

（2）生成气体的反应。

实验内容与步骤	实验现象	离子方程式
滴加6 mol·L^{-1} HCl溶液至明显现象发生 1 mL 0.1 mol·L^{-1} Na_2CO_3溶液	有____生成。	
滴加6 mol·L^{-1} HCl溶液 大理石数粒	有____生成。	

*4. 配合物的生成和组成。

实验内容与步骤	实验现象	结论与解释
(1) 配离子的生成： 过量 6 mol·L^{-1} NH$_3$·H$_2$O 溶液 1 mL 0.1 mol·L^{-1} CuSO$_4$ 溶液	先出现 _____ 色沉淀，然后沉淀 _____，形成 _____ 色溶液。	最后生成物质的化学式为 _____。 反应方程式： _____。
0.1 mol·L^{-1} NaF 溶液 1 mL 0.1 mol·L^{-1} FeCl$_3$ 溶液	淡黄色溶液转变成 _____ 溶液。	生成物质的化学式为 _____。 反应方程式：
(2) 配合物的组成： 过量 6 mol·L^{-1} NH$_3$·H$_2$O 溶液 2 mL 0.1 mol·L^{-1} NiSO$_4$ 溶液	先生成 _____ 沉淀，然后沉淀 _____，形成 _____ 溶液。	最后生成物质的化学式为 _____。
将上述溶液分装在两支试管中用于下列实验： 少量 0.1 mol·L^{-1} BaCl$_2$ 溶液 上述溶液	生成 _____ 沉淀。	SO$_4^{2-}$ 在配合物的 _____ 界。
少量 0.1 mol·L^{-1} NaOH 溶液 上述溶液	有无沉淀产生？ _____。	Ni^{2+} 在配合物的 _____ 界。
(3) 复盐与配合物的区别： 数滴 0.1 mol·L^{-1} NaOH 溶液 1 mL 0.1 mol·L^{-1} NH$_4$Fe(SO$_4$)$_2$ 溶液	产生 _____ 沉淀。	Fe^{3+} 在该化合物中的存在方式： _____。
数滴 0.1 mol·L^{-1} NaOH 溶液 1 mL 0.1 mol·L^{-1} K$_3$[Fe(CN)$_6$] 溶液	有无沉淀产生？ _____。	Fe^{3+} 在该化合物中的存在方式： _____。 两种物质中，复盐是 _____，配合物是 _____。

兴趣实验

简易的泡沫灭火器

实验操作：实验装置如图 5-1 所示。在吸滤瓶中盛碳酸氢钠溶液，并加少许肥皂粉，小试管里放硫酸铝（或明矾）溶液，塞紧吸滤瓶塞子，然后把瓶子倒置过来，这时两液混合，二氧化碳就带着泡沫从侧管喷出。当泡沫把燃烧物的表面完全盖住后，火便熄灭了。

泡沫灭火器和上述装置的工作原理相同，主要是硫酸铝溶于水后，易发生水解反应，产生硫酸和氢氧化铝。硫酸又和

图 5-1 泡沫灭火器工作原理

碳酸氢钠反应生成大量的二氧化碳气体。氢氧化铝与水形成一种胶体溶液。两者与肥皂粉的溶解物混合产生泡沫，达到灭火目的。其反应的化学方程式为：

$$Al_2(SO_4)_3 + 6H_2O \rightleftharpoons 2Al(OH)_3 + 3H_2SO_4$$

$$2NaHCO_3 + H_2SO_4 \longrightarrow Na_2SO_4 + 2H_2CO_3$$

$$\qquad\qquad\qquad\qquad\qquad\quad \downarrow 2CO_2\uparrow + 2H_2O$$

自制酸碱指示剂

在自然界，许多植物的花朵、茎叶和果实中都含有色素，它们在酸碱性不同的溶液中会显出不同的颜色。根据这一性质，可以自己动手制备出效果较好的酸碱指示剂，用以判断溶液的酸碱性。

实验操作：

(1) 将采集到的新鲜有色花瓣称取 30 g，剪碎后放入烧杯中。

(2) 在烧杯中加入蒸馏水 150 mL，加热到沸腾后改用小火，保持微沸，边加热边搅拌，至水溶液呈现该花色素的颜色为止，再用纱布过滤得到浸出液即可。常见的几种花瓣浸出液在酸和碱中的显色情况见下表：

花　名	花瓣颜色	浸出液颜色	在酸中显色	在碱中显色
满堂红	鲜红	淡红	深红	黄
太阳花	紫红	橘红	桃红	黄
石榴花	橘红	几乎无色	橙红	橙黄
杜鹃花	紫红	淡红	红	黄
月季花	紫红	淡红	红	黄
月季花	桃红	几乎无色	红	黄
夹竹桃花	桃红	淡茶色	红	黄

颜色赛跑

把几张广泛pH试纸用糨糊粘连成长条，放入一支长25～30 cm的干净玻管中央，用少许清水将试纸润湿，并转动玻管，使试纸附在玻管内壁上。另取两小团脱脂棉分别塞在玻管的两端，用2支胶头滴管分别在两端脱脂棉团上滴加1 mL浓盐酸和1 mL浓氨水。此时，滴加浓氨水的一端试纸变成蓝色，且蓝色不断向前移动；滴加浓盐酸的一端试纸变成红色，红色也同样向前移动。但红色比蓝色跑得慢，一般红色仅跑了玻管全长的1/3，而蓝色跑了全长的2/3。当红、蓝两色相遇时，在两者交界处，有一圈白烟生成。该实验现象十分明显，生动有趣。请解释上述实验现象：_____。写出反应的化学方程式：_____。

化学冰袋

实验原理：几种特殊的铵盐如硝酸铵、氯化铵等，溶于水时具有强烈的吸热降温性质，利用这种性质，可以通过简单地混合两种盐而制冷，制成化学冰袋。

实验操作：

(1) 分别称取含结晶水的碳酸钠30 g、硝酸铵23 g，并研细。

(2) 将研细的碳酸钠装入塑料袋底部压紧，用一双筷子将塑料袋夹住，将碳酸钠封在袋子的下半部，并用细绳将筷子两端扎紧。然后将研细的硝酸铵装在袋子的上半部，再用烧热的锯条(或封口机)将塑料袋封闭或直接用细绳将袋口扎紧即成"冰袋"。使用时，只要将筷子取下，两种固体粉末相混合即可产生低温。

说明：实验时，不能使用无水碳酸钠粉末，而必须使用含结晶水的晶体碳酸钠或成块状的纯碱，请思考一下这是为什么。

实验六 氧化还原反应和原电池

一、预习思考

1. 氧化还原反应的实质是什么？何谓氧化反应和还原反应、氧化剂和还原剂？
2. 如果有一直流电源失去了正、负极标志，你能否用简便的化学方法判断正、负极？
3. 在金属活动性顺序表中铜位于铁的后面，为什么 $FeCl_3$ 溶液还能溶解金属铜？

二、实验目的

1. 熟悉常见的氧化剂、还原剂和氧化还原反应。
2. 了解钢铁发蓝的处理。
3. 了解金属防腐的应用。

三、仪器和药品

1. 仪器：试管、滴瓶、药匙、铁架台、烧杯、酒精灯、砂纸、镊子、脱脂棉、玻璃棒、三脚架、石棉网。

2. 药品：$0.1\ mol \cdot L^{-1}\ Na_2SO_3$、$FeCl_3$、$KI$ 和 HCl 溶液，$0.5\ mol \cdot L^{-1}\ K_2Cr_2O_7$ 溶液，$0.2\ mol \cdot L^{-1}\ KMnO_4$ 溶液，$30\ g \cdot L^{-1}\ H_2O_2$ 溶液，$1\ mol \cdot L^{-1}\ SnCl_2$、$HgCl_2$ 溶液，$3\ mol \cdot L^{-1}\ H_2SO_4$ 溶液，$6\ mol \cdot L^{-1}\ HNO_3$ 溶液，浓 HNO_3，CCl_4，纯锌，粗锌，铜片，铜丝，38% $FeCl_3$ 腐蚀液，贴有铜箔的塑料板，除油液（$2\ mol \cdot L^{-1}\ NaOH$ 溶液），除锈液（$6\ mol \cdot L^{-1}\ HCl$ 溶液），氧化处理液（$60\ g\ NaOH$、$10\ g\ NaNO_3$、$3\ g\ NaNO_2$、$100\ mL$ 水），铁制螺丝，3% $CuSO_4$ 溶液。

四、实验内容与步骤

1. 氧化还原反应。

实验内容与步骤		实验现象	解释、反应方程式
氧化性酸	10滴浓HNO_3 + 铜片一块	溶液呈_____色,气体呈_____色,是_____气体。	反应方程式:_____。HNO_3是_____剂。
	10滴6 mol·L^{-1} HNO_3溶液 + 铜片一块	溶液呈_____色。气体刚生成时呈_____色。是_____气体。	反应方程式:_____。HNO_3是_____剂。
高价盐的氧化性	8滴30 g·L^{-1} H_2O_2溶液 + 5滴0.2 mol·L^{-1} $KMnO_4$溶液和3滴3 mol·L^{-1} H_2SO_4溶液	溶液颜色由_____色变为_____色。有_____气体放出。	反应方程式:_____。$KMnO_4$是_____剂。
	8滴0.1 mol·L^{-1} Na_2SO_3溶液 + 5滴0.5 mol·L^{-1} $K_2Cr_2O_7$溶液和3滴3 mol·L^{-1} H_2SO_4溶液	溶液颜色由_____色变为_____色。	$K_2Cr_2O_7 + 3Na_2SO_3 + 4H_2SO_4 =\!=$ $K_2SO_4 + Cr_2(SO_4)_3 + 3Na_2SO_4 + 4H_2O$ $K_2Cr_2O_7$是_____剂。
	(1) 4滴0.1 mol·L^{-1} $FeCl_3$溶液 + 10滴0.1 mol·L^{-1} KI溶液 (2) 再加入10滴CCl_4	颜色变化:_____。CCl_4层的颜色:_____。	反应方程式:_____。$FeCl_3$是_____剂。CCl_4中的有色物质是_____。
低价盐的还原性	1 mL 1 mol·L^{-1} $SnCl_2$溶液 + 5滴1 mol·L^{-1} $HgCl_2$溶液	先生成_____色沉淀。继续滴加后,沉淀颜色转变为_____色。	$SnCl_2 + 2HgCl_2 =\!= SnCl_4 + Hg_2Cl_2$ $SnCl_2 + Hg_2Cl_2 =\!= SnCl_4 + 2Hg↓$ $SnCl_2$是_____剂。

2. 金属的腐蚀与防护。

(1) 金属的腐蚀。

① 纯锌、粗锌与HCl溶液反应。

取2支试管,各注入3 mL 0.1 mol·L^{-1} HCl溶液,分别放入一粒纯锌和粗锌,比较气泡产生的情况;再取一根铜丝,插入盛有纯锌的试管中,比较铜丝与纯锌接触和未接触时的情况,记入下表:

试管编号	1	2	3	
操作情况	盐酸和纯锌	盐酸和粗锌	铜丝接触纯锌	铜丝未接触纯锌
现象				
结论与解释				

② 印刷电路板的制作。

取贴有铜箔的塑料板1块,用照相、复印的方法将电路印在铜箔上,然后将需要保留的图纹覆盖一层抗腐蚀性物质(如油墨、油漆、高分子聚合物),浸入38% $FeCl_3$ 腐蚀液内,未覆盖保护层的铜箔将被腐蚀掉,其反应方程式如下:

$$Cu + 2FeCl_3 = CuCl_2 + 2FeCl_2$$

如果温度较低,可将容器微热,但 $FeCl_3$ 溶液温度不要超过50 ℃,轻轻摇荡容器,7~10分钟后取出电路板,用自来水冲洗。用棉花球蘸汽油将印刷电路板上的油漆擦洗干净,再用水冲洗。

实验结果说明: Fe^{3+} 具有_____。

(2) 金属防护与钢铁发蓝。

① 除油:将铁制螺丝或铁圈用砂纸擦光,放入盛有20~30 mL除油液的烧杯中,加热煮沸5~10分钟,用镊子取出,用清水冲洗。

② 除锈:将除油后的铁件放入烧杯中,加入20~30 mL除锈液,加热至60 ℃~80 ℃,3~5分钟后取出,用清水冲洗。

③ 氧化处理:将上述已处理好的铁件置于盛有30 mL氧化处理液的烧杯中,加热煮沸约10分钟(要求氧化处理液沸腾的温度控制在140 ℃~145 ℃),用镊子取出,再用水冲洗并擦干,观察铁件表面呈现一层蓝色或黑色的致密的氧化膜。

④ 浸油:经氧化处理后发蓝的表面氧化膜仍有微孔,为了提高防锈能力,将它置于热机油(约60 ℃)中浸几分钟,取出擦干即可。

⑤ 鉴定膜的质量(紧密度):将处理过的铁件浸在3% $CuSO_4$ 溶液中,30秒后取出,用滤纸吸去表面的溶液,如果表面氧化膜上色泽无变化(即没有出现金属铜),表明合格。

实验结果说明:铁件表面Fe变成_____膜。

实验七 烃的性质

一、预习思考

1. 烷烃在什么条件下发生取代反应？
2. 烯烃、炔烃的共性是什么？有无特殊性？
3. 芳烃的性质是否与烯烃、炔烃的性质相似？它们有什么不同之处？
4. 制备乙烯时为什么要向反应液中加入几粒沸石？沸石能否重复使用？

二、实验目的

1. 熟悉实验室制备甲烷、乙烯、乙炔的方法。
2. 验证饱和烃、不饱和烃、芳烃的性质，掌握它们的鉴别方法。

三、仪器和药品

1. 仪器：15 mm×150 mm 试管、20 mm×200 mm 试管、滴管、玻璃管、蒸发皿、玻璃棒、蒸馏烧瓶、分液漏斗、烧杯、试剂瓶、U 形管、二通活塞、玻璃珠、橡皮塞、酒精灯、铁架台、万能夹、十字头、温度计。

2. 药品：无水醋酸钠、碱石灰、氢氧化钠、肥皂、甘油、浓氨水、液溴、乙醇、石油醚、四氯化碳、浓硫酸、电石、饱和食盐水、苯、浓硝酸、甲苯、10% NaOH 溶液、0.1% $KMnO_4$ 溶液、0.5% $KMnO_4$ 溶液、10% $KMnO_4$ 溶液、2% 氨水、2% $AgNO_3$ 溶液、1% Br_2 的 CCl_4 溶液、沸石（或碎瓷片）。

四、实验内容与步骤

1. 甲烷的制备、性质。

*（1）甲烷的制备。

按图 7-1 安装仪器，在硬质试管中依次加入 2 药匙已烘干的无水醋酸钠、2 颗豆粒大的固体氢氧化钠、1 药匙碱石灰，混匀。实验时先从试管底部加热，然后慢慢向前移动，以便产生均匀、连续的甲烷气体。用排水集气法收集甲烷，待试管装满甲烷气体后将试管取出，将试管倒置并塞好塞子。重复操作一次，收集 2 支试管的甲烷气体，备用。

注意：加热的温度不要太高，否则试管容易破损。

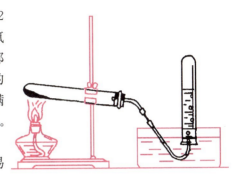

图 7-1 甲烷的制取装置

（2）甲烷的性质。

① 甲烷的爆鸣。

A. 将甲烷和空气按约 1∶1.5 的体积比收集在塑料瓶中。

B. 将 2 g 肥皂溶解在 80 mL 热水里，再加入 8～10 mL 甘油和 4～6 滴浓氨水，配制成肥皂液。

C. 挤压塑料瓶，将气体通入盛有肥皂液的蒸发皿中，使甲烷和空气的混合气体贮存在肥皂泡里。

D. 用裹有酒精棉球的长玻璃棒作引火棒，伸向肥皂液，立即发生猛烈爆炸。

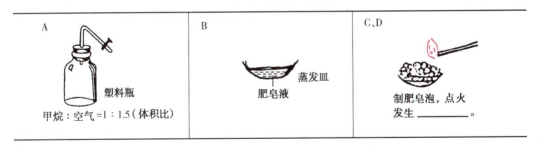

② 甲烷的溴代。

将收集有甲烷的 2 支试管编号后分别滴入 1 滴液溴，迅速塞好塞子，倒置并振荡。将 1 号试管用黑纸包好；将 2 号试管放在强光下照射 5 分钟，可以看到液溴蒸气的颜色为_____。然后，打开 1 号试管的黑纸，可以看到试管内溴的颜色为_____。由此说明，烷烃可以在_____条件下进行卤代反应。

2. 乙烯的制备、性质。

*(1) 乙烯的制备（演示实验）。

按图 7-2 准备好装置，烧瓶里加入酒精和浓硫酸（体积比为 1∶3）的混合液约 20 mL，并放入几粒沸石（或碎瓷片），以免混合液在受热时发生暴沸（使用过的沸石不能重复使用）。加热，使液体温度迅速升到 170 ℃，这时就有乙烯生成。反应方程式：_____

_____。

(2) 乙烯的性质（演示实验）。

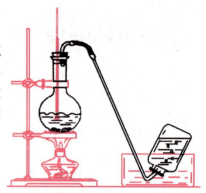

图 7-2 乙烯的制取装置

	实验内容与步骤	实验现象	反应方程式
加成反应	C₂H₄ 通入 10滴1%Br₂的CCl₄溶液	_____。	$CH_2\!=\!CH_2 + Br_2 \longrightarrow$ 属_____反应。
	石油醚 10滴1% Br₂的CCl₄溶液	_____。	
氧化反应	C₂H₄ 通入 紫色液体 2 mL 0.1%KMnO₄溶液和2滴浓硫酸	_____。	属_____反应。
	C₂H₄ 点燃	乙烯燃烧火焰呈_____色。干燥烧杯壁上出现_____。烧杯内壁涂有澄清石灰水，出现_____。	$C_2H_4 + O_2 \longrightarrow$

3. 乙炔的制备、性质。

*(1) 乙炔的制备。

① 取一小块电石,用铝箔包紧(铝箔上预先刺几个小孔),放入平底烧瓶中,瓶塞上安装分液漏斗及导气管,装置如图 7-3 所示。关闭分液漏斗活塞,其中加入饱和食盐水。

② 安装好气体收集装置后,慢慢打开分液漏斗的活塞,使电石与饱和食盐水进行反应。

(2) 乙炔的性质。

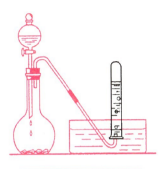

图 7-3 乙炔的制取装置

实验内容与步骤	实验现象	反应方程式
加成反应（C_2H_2 通入 10滴 1%Br_2 的 CCl_4 溶液）	_____。	$CH\equiv CH + Br_2 \longrightarrow$ 属_____反应。
氧化反应（C_2H_2 通入 2 mL 0.1%$KMnO_4$ 溶液和2滴浓硫酸）	_____。	属_____反应。
炔化物生成（C_2H_2 通入澄清的银氨溶液）	_____。	$CH\equiv CH + Ag(NH_3)_2NO_3 \longrightarrow$
燃烧反应（C_2H_2 点燃）	乙炔燃烧火焰呈_____色。 干燥烧杯壁上出现_____。 烧杯内壁涂有澄清石灰水,出现_____。	$C_2H_2 + O_2 \longrightarrow$

4. 苯和甲苯的性质。

	实验内容与步骤	实验现象及反应方程式
硝化反应	2 mL浓硫酸 / 2 mL浓硝酸 振荡并冷却→混酸（1 mL苯）；60℃水浴10分钟，倒入盛有20 mL水的烧杯中	产物_____是___色、具有_____气味的油状物。它比水_____（填"轻"或"重"）。 反应方程式：_____。
氧化反应	2滴0.5%KMnO₄溶液和3滴浓硫酸 / 1 mL苯	KMnO₄_____色。 说明苯_____被KMnO₄_____。
	2滴0.5%KMnO₄溶液和3滴浓硫酸 / 1 mL甲苯	KMnO₄_____色。 说明甲苯_____被KMnO₄_____。 反应方程式：_____。

实验八 烃的衍生物的性质

一、预习思考

1. 醇和酚在结构上有何异同？它们的化学性质有什么不同？如何鉴别它们？
2. 醛、羧酸、酯均含有羰基，它们的化学性质是否相同？有哪些不同之处？如何鉴别它们？
3. 试设计鉴别醛、羧酸、酯的方案。

二、实验目的

1. 验证醇、酚、醛、羧酸、酯的主要化学性质。
2. 掌握醇、酚、醛的鉴别方法。

三、仪器和药品

1. 仪器：15 mm×150 mm 试管、20 mm×200 mm 试管、滴管、玻璃管、橡皮塞、酒精灯、铁架台。

2. 药品：无水乙醇、苯酚、α-萘酚、甲醛、乙醛、丙酮、甲酸、冰醋酸、草酸、浓硫酸、金属钠、酚酞试液、10% NaOH 溶液、1% NaOH 溶液、饱和 Na_2CO_3 溶液、1% $FeCl_3$ 溶液、0.2% $KMnO_4$ 溶液、2 mol·L^{-1} $NH_3·H_2O$ 溶液、2% $CuSO_4$ 溶液、3 mol·L^{-1} H_2SO_4 溶液、6 mol·L^{-1} NaOH 溶液、0.1 mol·L^{-1} $AgNO_3$ 溶液、10%葡萄糖溶液、饱和溴水。

四、实验内容与步骤

1. 乙醇的性质。

实验内容与步骤	实验现象	反应方程式
钠块（黄豆大小） 1 mL 无水乙醇	钠与乙醇的反应比钠与水的反应_____。 产生的气体是_____。	$C_2H_5OH + Na \longrightarrow$

2. 苯酚的性质。

	实验内容与步骤	实验现象	反应方程式
弱酸性	逐滴加入1 mol·L^{-1} NaOH溶液 苯酚浑浊液 1~2 mL	浑浊液_____。	$\begin{array}{c}OH\\ \diagup\diagdown \\ \diagdown\diagup\end{array}$ + NaOH $\longrightarrow$
取代反应	苯酚溶液 1 mL 饱和溴水	生成____色____。	$\begin{array}{c}OH\\ \diagup\diagdown \\ \diagdown\diagup\end{array}$ + Br$_2$ $\longrightarrow$
显色反应	1~2滴 1%FeCl$_3$溶液 0.5 mL 苯酚溶液	溶液变为_____色。	

3. 醛的性质（与酮比较）。

(1) 银镜反应。

制备托伦试剂：在1支洁净的试管中加入4 mL 0.1 mol·L^{-1} AgNO$_3$溶液，再加入1滴1%的NaOH溶液。然后在振摇下滴加2 mol·L^{-1} NH$_3$·H$_2$O溶液，直至析出的氧化银沉淀恰好溶解为止。

将托伦试剂分装于4支试管，并按下表要求进行实验。

实验内容与步骤	2滴甲醛 托伦试剂 热水浴	3~4滴乙醛 托伦试剂 热水浴	3~4滴丙酮 托伦试剂 热水浴	3~4滴甲酸（用Na$_2$CO$_3$中和至弱碱性） 托伦试剂 热水浴
实验现象	有____生成。	有____生成。	____（填"有"或"无"）现象发生。	有____生成。
结论	发生____反应。	发生____反应。		发生____反应。

(2) 与斐林试剂反应。

制备斐林试剂：在 2 支试管中，各注入 2 mL 10% NaOH 溶液，分别滴入 4～5 滴 2% $CuSO_4$ 溶液，振荡，配成斐林试剂。

在斐林试剂中分别加入乙醛、丙酮，并加热。

实验内容与步骤	4~5滴乙醛，加热，斐林试剂	4~5滴丙酮，加热，斐林试剂
实验现象与结论	生成_____色沉淀，发生_____反应。	_____（填"有"或"无"）现象发生。

4．甲酸和草酸的还原性。

制备酸性 $KMnO_4$ 溶液：在 3 支试管中，分别加入 1 mL 3 mol·L^{-1} 的 H_2SO_4 及 5～6 滴 0.2% 的 $KMnO_4$ 溶液。

在酸性 $KMnO_4$ 溶液中分别加入甲酸、冰醋酸和草酸，并加热。

实验内容与步骤	5滴甲酸溶液，酸性$KMnO_4$溶液	5滴冰醋酸溶液，酸性$KMnO_4$溶液	少量草酸晶体，酸性$KMnO_4$溶液
实验现象	$KMnO_4$ 紫色_____。	$KMnO_4$ 紫色_____。	$KMnO_4$ 紫色_____。
结论			

5．酯的制备和性质。

(1) 乙酸乙酯的制备。

在 20 mm×200 mm 的大试管里放入几粒沸石（或小瓷片），加入 3 mL 无水乙醇、2 mL 冰醋酸，再小心加入 2 mL 浓硫酸，振荡，并将试管固定在铁架台上。另取一支试管，加入 5 mL 饱和 Na_2CO_3 溶液（内滴 3 滴酚酞，使溶液呈红色），按图 8-1 所示连接好装置。用小火加热大试管，1～2 分钟后，在红色的饱和 Na_2CO_3 溶液的上层会出现一层无色透明液体，它就是乙酸乙酯，扇闻乙酸乙酯的气味是_____。反应方程式为_____。

图 8-1 乙酸乙酯的制备装置

思考：为什么必须用小火加热？

(2) 酯的水解。

实验内容与步骤	![1mL 水，1mL 乙酸乙酯，70℃~80℃水浴加热]	![1mL 3mol·L⁻¹ H₂SO₄溶液，1mL 乙酸乙酯，70℃~80℃水浴加热]	![1mL 6mol·L⁻¹ NaOH溶液，1mL 乙酸乙酯，70℃~80℃水浴加热]
实验现象	酯层_____。	酯层_____。	酯层_____。
结论			

兴趣实验

检测甲醇

某些不法商人为了牟取暴利,竟然用工业酒精兑水后冒充名酒出售,坑害消费者。工业酒精中含有一定量的甲醇(CH_3OH),俗称木精,它是无色、易挥发、易燃的液体,有剧毒! 人饮入约 10 mL 甲醇就会失明,饮入 15~25 mL 甲醇就会死亡。因此学会鉴别假酒,掌握分析甲醇的方法具有重要的实用价值。

1. 实验原理:甲醇经氧化后成甲醛,与品红-亚硫酸作用生成蓝紫色化合物。

2. 试剂配制:

(1) 高锰酸钾-磷酸溶液:称取 3 g 高锰酸钾,加入 15 mL 85％磷酸与 70 mL 水的混合液中,溶解后加水至 100 mL,将其贮于棕色瓶中备用(防止氧化能力下降,保存时间不宜过长)。

(2) 草酸-硫酸溶液:称取 5 g 无水草酸或 7 g 含 2 分子结晶水的草酸($H_2C_2O_4 \cdot 2H_2O$),溶于 1∶1 的硫酸与水中,并加水至 100 mL。

(3) 品红-亚硫酸溶液:称取 0.1 g 碱性品红,研细后,分次加入 60 mL 80 ℃ 的水中,用滴管取上层清液(必要时过滤)于 100 mL 容量瓶中,冷却后加 10 mL 10％亚硫酸钠(Na_2SO_3)溶液及 1 mL 盐酸,再加水至刻度,充分混匀,放置过夜,如溶液有颜色,可加少量活性炭搅拌后过滤,贮于棕色瓶中,置暗处保存。如溶液呈红色,应弃去,重新配制。

(4) 甲醇标准溶液:称取 1.00 g 甲醇,置于 1000 mL 容量瓶中,加水稀释至刻度,使 1 mL 水溶液中含有 1 mg 甲醇。

3. 实验操作：

(1) 取酒样 0.3 mL，加水至 5 mL；取甲醇标准溶液 0.4 mL，加水至 5 mL。

(2) 在上述两种溶液中，分别加入 2 mL 高锰酸钾-磷酸溶液，摇匀后放置10分钟。再加 2 mL 草酸-硫酸溶液，振荡使其褪色。再加 5 mL 品红-亚硫酸溶液，摇匀后于 20 ℃以上静置半小时，观察颜色变化，并与甲醇标准溶液比照颜色的深浅，估计是否超过标准。若颜色深，则为含甲醇量多的假酒。

4. 说明：

(1) 本实验所用水均为蒸馏水或去离子水，所使用试剂均为分析纯试剂。

(2) 国家规定白酒中甲醇含量应 $\leqslant 0.4\ \text{g}\cdot\text{L}^{-1}$。

不能使纸燃烧的火焰

实验原理：二硫化碳的沸点很低，为易燃液体，而四氯化碳不可燃，可作为灭火剂。当它们的混合物点燃时，二硫化碳燃烧放出的热量使得四氯化碳蒸发，从而降低了火焰的温度，达不到纸的着火点，因此纸不能燃烧。

实验步骤：在一只蒸发皿里加入 20 mL CCl_4 和 10 mL CS_2，搅匀，用火点燃，可见燃起一股淡蓝色火焰，把一张纸放在火焰上，纸燃不着。

说明：实验中如加入 CCl_4 量不足，则纸有可能燃烧。

实验九　糖类、脂肪、蛋白质的性质

一、预习思考

1. 在葡萄糖与托伦试剂的反应中,要使银镜明亮,操作关键是什么?
2. 皂化值低、碘值大分别说明油脂的什么性质?

二、实验目的

1. 掌握葡萄糖的还原性和淀粉水解反应的知识。
2. 了解油脂皂化反应的意义,学会检验油脂的不饱和性。
3. 验证蛋白质的性质。

三、仪器和药品

1. 仪器:试管、试管夹、试管架、烧杯、量筒、温度计、玻璃棒、铁圈、铁夹、铁架台、石棉网、点滴板、酒精灯、火柴。

2. 药品:0.1 mol·L^{-1} $AgNO_3$ 溶液、2 mol·L^{-1} $NH_3·H_2O$ 溶液、0.3 mol·L^{-1} 葡萄糖溶液、1 mol·L^{-1} Na_2CO_3 溶液、10 g·L^{-1} 淀粉溶液、3 mol·L^{-1} H_2SO_4 溶液、碘水、10% NaOH 溶液、2% $CuSO_4$ 溶液、汽油、苯、猪油、乙二醇、30% NaOH 溶液、饱和 NaCl 溶液、菜籽油、桐油、CCl_4、5% $HgCl_2$ 溶液、3% I_2 的 CCl_4 溶液、75% 酒精、水合茚三酮、饱和 $(NH_4)_2SO_4$ 溶液、饱和 $CuSO_4$ 溶液、饱和 $Pb(Ac)_2$ 溶液、鸡蛋清溶液、棉纱、羊毛线。

四、实验内容与步骤

1. 糖类的性质。

(1) 葡萄糖的还原性。

实验内容与步骤	实验现象	实验内容与步骤	实验现象与结论
逐滴加入 2 mol·L^{-1} NH$_3$·H$_2$O 溶液，边加边振荡 / 2 mL 0.1 mol·L^{-1} AgNO$_3$ 溶液	先生成____色沉淀，继续加 NH$_3$·H$_2$O 溶液至沉淀刚好溶解。	再加入 1 mL 0.3 mol·L^{-1} 葡萄糖溶液 / 60℃水浴加热数分钟	现象：____。 结论：____。

(2) 碘与淀粉的显色反应。

实验内容与步骤	实验现象	结 论
2 滴碘溶液 / 10 滴 10 g·L^{-1} 淀粉溶液	____。	

(3) 淀粉的水解。

取 10 mL 10 g·L^{-1} 淀粉溶液于小烧杯中，加入 5 mL H$_2$O 和 1 mL 3 mol·L^{-1} H$_2$SO$_4$ 溶液，在水浴上加热，然后每隔 2 分钟用滴管取出 1 滴淀粉水解液于点滴板上，再滴加 1 滴碘液，观察颜色的变化，直至碘液不变色后，继续加热 2 分钟。淀粉的水解过程如下：

淀粉 —— $\xrightarrow{H^+}$ —— 糊精 —— $\xrightarrow{H^+}$ —— 葡萄糖
(遇碘显蓝色)　　(遇碘显紫色至红色)　　(遇碘不显色)

水解完成后，加入 1 mol·L^{-1} Na$_2$CO$_3$ 溶液至有气体产生，此时溶液为弱碱性，再将此溶液用于以下实验。

取 2 支试管，各加入 2 mL 10% NaOH 溶液和 4~5 滴 2% CuSO$_4$ 溶液，配成斐林试剂，进行下列实验：

实验内容与步骤	实验现象	结论与解释
淀粉溶液 / 加热—斐林试剂	____。	淀粉____发生斐林反应。
淀粉水解液 / 加热—斐林试剂	____。	淀粉水解液____发生斐林反应，因为淀粉在酸性条件下水解成了____。

2. 油脂的性质。

(1) 油脂的溶解性。

实验内容与步骤	2滴油脂↓ 2 mL水	2滴油脂↓ 2 mL汽油	2滴油脂↓ 2 mL苯	2滴油脂↓ 2 mL四氯化碳
实验现象				
结论	油脂可溶于_____，不溶于_____。			

(2) 油脂的皂化。

取 1 只 50 mL 干净的小烧杯，加入 1 匙猪油(约 4 g)，再依次加入 15 mL 乙二醇或 75% 酒精、15 mL 30% NaOH 溶液，置于酒精灯上加热(注意要不断进行搅拌，以防止反应液溢出)，5～6 分钟后反应趋于完全。取 1 根玻璃棒，蘸取皂化液滴入沸水中，如能完全溶解而无油滴析出，表明皂化反应已经完成。否则还需继续加热，直到无油滴析出为止。

将制得的黏稠皂化液倒入约 100 mL 饱和 NaCl 溶液中，搅拌，使皂化液盐析，其中浮在液面上的固体即为肥皂。

结论：油脂在碱性条件下的水解产物是_____和_____。

(3) 油脂的不饱和性。

实验内容与步骤	实验现象	结论与解释
依次加入 1 mL CCl₄、2 滴 5% HgCl₂ 溶液、3% I₂ 的 CCl₄ 溶液 1 mL 菜籽油　　1 mL 桐油	菜籽油中_____。 桐油中_____。	说明_____。

3. 蛋白质的性质。

实验内容与步骤	实验现象	结论与解释
(1) 蛋白质的灼烧 棉纱　　纯羊毛线	灼烧棉纱有_____气味。 灼烧纯羊毛线有_____气味。	
(2) 蛋白质的盐析作用 1mL 饱和 (NH₄)₂SO₄ 溶液(不要振荡)　→　继续加 2 mL 蒸馏水，轻轻晃动 1mL 鸡蛋清溶液	两液界面处有_____现象。加水后_____。	无机盐能让蛋白质_____。 盐析后的蛋白质_____(填"溶"或"不溶")于水。

续表

实验内容与步骤	实验现象	结论与解释
（3）蛋白质的变性作用 ① 加热使蛋白质变性	加热后，溶液中_____。 再加水后，_____。	加热_____（填"能"或"不能"）使蛋白质变性。 变性后的蛋白质_____（填"溶"或"不溶"）于水。
② 重金属盐使蛋白质变性 （1滴饱和$CuSO_4$溶液，5 mL蒸馏水，1 mL鸡蛋清溶液） （1滴饱和$Pb(Ac)_2$溶液，5 mL蒸馏水，1 mL鸡蛋清溶液）	先_____。 加水后_____。 先_____。 加水后_____。	重金属盐_____（填"能"或"不能"）使蛋白质变性。 变性后的蛋白质_____（填"溶"或"不溶"）于水。
③ 乙醇使蛋白质变性 （1 mL 75%酒精，1 mL鸡蛋清溶液）	出现_____。	乙醇_____（填"能"或"不能"）使蛋白质变性。
（4）蛋白质的颜色反应 ① 茚三酮反应 （3~4滴水合茚三酮试剂，1 mL鸡蛋清溶液，加热）	溶液颜色_____。	蛋白质能与水合茚三酮作用，生成_____色物质。
② 缩二脲反应 （1 mL 1 mol·L^{-1} NaOH溶液和3滴0.1 mol·L^{-1} $CuSO_4$溶液，1 mL鸡蛋清溶液）	溶液颜色_____。	蛋白质_____（填"能"或"不能"）发生缩二脲反应。

兴趣实验

雪山喷火

分别取10 g白糖和10 g氯酸钾,将它们放在蒸发皿或石棉板上,用药匙将其轻轻混合后堆成小山状。

用长滴管往混合物上滴加数滴浓硫酸,雪白的"小山"立即喷火燃烧并发出白光。

说明:

(1) 氯酸钾与浓硫酸作用生成了具有极强氧化作用的二氧化氯,后者能使白糖剧烈燃烧。

(2) 一般选用粒状蔗糖和氯酸钾,以免反应过于剧烈。上述混合物切不可研磨,否则会发生爆炸。

白糖变炭

将60 g白糖(如用砂糖则应研细)放入敞口的圆柱形铁皮罐内(或放于烧杯中),加温水6 mL,搅匀后置于石棉板上(冬天要用水浴加热至30 ℃~40 ℃)。

量取浓硫酸30 mL,倾入罐中,用玻璃棒仔细地搅和,当酸、糖混合物开始发黑时,将玻璃棒垂直插在罐的中央,用手扶住,放置片刻,大量的疏松多孔状黑色物质不断地从罐内涌出,还放出带有焦糊味的气体。反应完毕,整块黑色的物质形如"黑面包",可完整地取出进行观察(图9-1)。

图9-1 硫酸使蔗糖炭化

说明:本实验的原理是利用浓硫酸强烈的脱水作用使蔗糖炭化。因此一定要使用浓硫酸,不能使用已吸了水的硫酸。

*实验十 铝、锌、铜、铬、铁、锰的性质和鉴定

一、预习思考

1. 实验室制备氢氧化铝所用的氢氧化钠溶液为什么不能过量,而且要用稀溶液?
2. 如何利用氢氧化铝、氢氧化锌的两性和氢氧化锌、氢氧化铜能够形成配合物的不同性质对 Cu^{2+}、Zn^{2+}、Al^{3+} 进行鉴别?
3. $FeSO_4$ 溶液为什么需现配现用?$FeSO_4$ 溶液中为什么要放铁屑?

二、实验目的

1. 认识铝、锌及其化合物的两性性质。
2. 了解 $K_2Cr_2O_7$ 和 $KMnO_4$ 的氧化性。
3. 了解几种金属离子的鉴别或鉴定方法。

三、仪器和药品

1. 仪器:试管、试管夹、酒精灯、火柴、药匙。
2. 药品:2 mol·L^{-1} NaOH、H_2SO_4 溶液,6 mol·L^{-1} $NH_3·H_2O$、NaOH、HCl 溶液,0.5 mol·L^{-1} $Al_2(SO_4)_3$、$CuSO_4$、$ZnSO_4$ 溶液,0.1 mol·L^{-1} Na_2SO_3、$K_2Cr_2O_7$、$KMnO_4$、$FeCl_3$、KSCN 溶液,新制备的 0.1 mol·L^{-1} $FeSO_4$ 溶液。

四、实验内容与步骤

1. 铝和氢氧化铝的两性反应。

实验内容与步骤		实验现象	反应方程式与结论
铝的两性	(1) 与酸的反应 2 mL 2 mol·L^{-1} H$_2$SO$_4$ 溶液 铝片	_____。	反应方程式：_____ _____。
	(2) 与碱的反应 2 mL 6 mol·L^{-1} NaOH 溶液 铝片	_____。	反应方程式：_____ _____。 结论：铝具有_____。
氢氧化铝的生成	滴加 2 mol·L^{-1} NaOH 溶液 5 滴 0.5 mol·L^{-1} Al$_2$(SO$_4$)$_3$ 溶液 注意：滴加 NaOH 溶液切勿过量！	生成 _____ 色 _____ 沉淀。 （将沉淀分装于 2 支试管中，用于下面的两性实验）	反应方程式：_____ _____。
氢氧化铝的两性	(1) 与酸的反应 6 mol·L^{-1} HCl 溶液 Al(OH)$_3$	滴入 HCl 溶液后，沉淀_____。	反应方程式：_____ _____。
	(2) 与碱的反应 2 mol·L^{-1} NaOH 溶液（过量） Al(OH)$_3$	滴入 NaOH 溶液后，沉淀_____。	反应方程式：_____ _____。 结论：Al(OH)$_3$ 具有_____。

2. 锌和氢氧化锌的两性反应。

	实验内容与步骤	实验现象	反应方程式与结论
锌的两性	(1) 与酸的反应 2 mL 2 mol·L⁻¹ H₂SO₄ 溶液 锌粒	_____。	反应方程式：_____
	(2) 与碱的反应 2 mL 6 mol·L⁻¹ NaOH 溶液 锌粒	_____。	反应方程式：_____ 结论：锌具有_____。
氢氧化锌的生成	滴加 2 mol·L⁻¹ NaOH 溶液 5 滴 0.5 mol·L⁻¹ ZnSO₄ 溶液 注意：滴加 NaOH 溶液切勿过量！	生成____色____沉淀。 (将沉淀分装于 2 支试管中，用于下面的两性实验)	反应方程式：_____
氢氧化锌的两性	(1) 与酸的反应 6 mol·L⁻¹ HCl 溶液 Zn(OH)₂	滴入 HCl 溶液后，沉淀_____。	反应方程式：_____
	(2) 与碱的反应 6 mol·L⁻¹ NaOH 溶液 Zn(OH)₂	滴入 NaOH 溶液后，沉淀_____。	反应方程式：_____ 结论：Zn(OH)₂ 具有_____。

3. 高锰酸钾和重铬酸钾的氧化性。

<table>
<tr><th></th><th>实验内容与步骤</th><th>实验现象</th><th>反应方程式与结论</th></tr>
<tr><td rowspan="2">高锰酸钾的氧化性</td><td>逐滴加入 0.1 mol·L⁻¹ Na₂SO₃ 溶液
3 滴 0.1 mol·L⁻¹ KMnO₄ 溶液和 2 滴 2 mol·L⁻¹ H₂SO₄ 溶液</td><td>在酸性条件下，加入 Na₂SO₃ 后，KMnO₄ 溶液的颜色_____。</td><td>KMnO₄ 在酸性条件下的还原产物是_____。</td></tr>
<tr><td>逐滴加入 0.1 mol·L⁻¹ Na₂SO₃ 溶液
3 滴 0.1 mol·L⁻¹ KMnO₄ 溶液</td><td>在中性条件下，加入 Na₂SO₃ 后 KMnO₄ 溶液的颜色_____。生成____色____沉淀。</td><td>KMnO₄ 在中性条件下的还原产物是_____。
说明 KMnO₄ 具有_____性，其还原产物受_____影响。</td></tr>
<tr><td>重铬酸钾的氧化性</td><td>逐滴加入 0.1 mol·L⁻¹ Na₂SO₃ 溶液
5 滴 0.1 mol·L⁻¹ K₂Cr₂O₇ 溶液和 4 滴 2 mol·L⁻¹ H₂SO₄ 溶液</td><td>溶液颜色从_____色变为_____色。</td><td>离子方程式：_____。</td></tr>
</table>

4. Al^{3+}、Zn^{2+} 的鉴别。

<table>
<tr><th>实验内容与步骤</th><th>实验现象和反应方程式</th><th>实验内容与步骤</th><th>实验现象和反应方程式</th></tr>
<tr><td>2 mol·L⁻¹ NaOH 溶液（适量）
1 mL 0.5 mol·L⁻¹ Al₂(SO₄)₃ 溶液</td><td>生成___色沉淀。
反应方程式：_____。</td><td>继续加入过量 6 mol·L⁻¹ NH₃·H₂O 溶液。</td><td>沉淀_____。</td></tr>
<tr><td>2 mol·L⁻¹ NaOH 溶液（适量）
1 mL 0.5 mol·L⁻¹ ZnSO₄ 溶液</td><td>生成___色沉淀。
反应方程式：_____。</td><td>继续加入过量 6 mol·L⁻¹ NH₃·H₂O 溶液。</td><td>沉淀_____，溶液呈_____色。
反应方程式：_____。</td></tr>
</table>

结论：$Al(OH)_3$ _____溶于酸，_____溶于 NaOH 溶液，_____溶于 $NH_3·H_2O$ 溶液。
　　　$Zn(OH)_2$ _____溶于酸，_____溶于 NaOH 溶液，_____溶于 $NH_3·H_2O$ 溶液。

5. Cu^{2+}、Fe^{3+} 的鉴别。

(1) Cu^{2+} 的鉴别。

取 1 支试管，加入 1 mL 0.5 mol·L⁻¹ $CuSO_4$ 溶液，然后滴加 NaOH 溶液，观察到有_____色_____沉淀生成。再加入足量 6 mol·L⁻¹ $NH_3·H_2O$ 溶液，沉淀

_____,溶液呈_____色。

（2）Fe^{3+}的鉴别。

取1支试管，加入10滴0.1 mol·L^{-1} $FeCl_3$溶液，然后滴入1～2滴KSCN溶液，观察到溶液变成_____色。

 兴趣实验

节日焰火（焰色反应）

（1）按图10-1组装成焰色反应灯。

焰色反应灯由试管制成，每支试管内分别装有KI、NaI、$CaCl_2$、$BaCl_2$、$Cu(NO_3)_2$、$Sr(NO_3)_2$的酒精饱和溶液，并用滤纸或脱脂棉制作灯芯。

（2）像酒精灯一样点燃后，认真观察各灯焰的颜色，记录各金属阳离子的焰色。

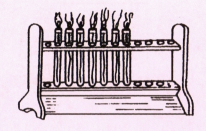

图10-1 焰色反应灯

药品	KI	NaI	$CaCl_2$	$BaCl_2$	$Cu(NO_3)_2$	$Sr(NO_3)_2$
焰色						

（3）节日的夜晚，在首都天安门广场和各大城市广场的上空，都会出现五彩缤纷、光耀夺目的焰火。根据其化学原理，我们也可以自制焰火，在节日的晚会上点燃，增加喜庆气氛。焰火配方表（按质量比）如下：

	红色	绿色	蓝色	黄色	白色
$KClO_3$	4	9	7		
S	11	10	5	12	3
C		2		2	3
$Sr(NO_3)_2$	33				
KNO_3			7	30	12
蔗糖			2		
$NaNO_3$				5	1
Mg粉					1
$Ba(NO_3)_2$		31			

实验步骤：

① 把所有药品分别烘干、研细。

② 制药捻（导火索）：首先把棉线放入10% NaOH溶液中煮沸10~20分钟,除去油脂,洗净晾干,然后浸入饱和 KNO_3 溶液,取出晾干,再把十几根棉线扎在一起,剪成适当长度,待用。

③ 把自己选定的药品配方混匀后放在长方形草纸（毛边纸）上,中间放上药捻（要长些）,把药卷紧后两端用线扎紧封严,用长线系在细长木棒（或玻璃棒）上,手持木棒,点燃纸卷下方的导火索,待药料燃烧时,便会放出灿烂的光芒（图10-2）。只用一组药料,配成的是单色焰火;如果把几种配方装在一起,就能得到色彩绚丽的焰火。

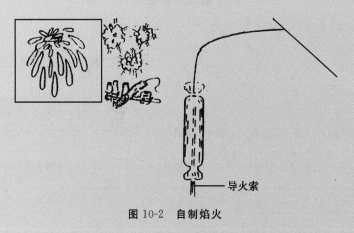

图10-2　自制焰火

铝皮长毛

取一铝片,用砂纸将表面摩擦光滑（以除去铝表面的氧化膜）,或浸泡在NaOH溶液中稍加热,2分钟后取出,洗干净。然后在磨光的铝片上滴2滴 $0.5\ mol·L^{-1}$ $HgCl_2$ 溶液。约过2分钟,铝片上滴有 $HgCl_2$ 溶液处会发灰,可用滤纸将其擦去 [$HgCl_2$ 的作用是与铝生成铝汞合金,破坏原来的氧化膜,使铝裸露出来,反应方程式为 $4Al(Hg)+3O_2+2nH_2O = 2Al_2O_3·nH_2O+4Hg$]。放置2分钟后观察铝表面的变化,现象是_____。（$HgCl_2$ 有毒,使用时注意安全）

简法充氢气球

每到节假日,都会看到街头、广场上空到处飘动着五颜六色的氢气球,增添了节日气氛。在家庭喜庆的日子里,窗前如果也有几个色彩艳丽的气球飘动,也会增加不少生活的情趣。自己动手制氢气球,既省钱又能学到知识。

1. 实验原理:

由于碳酸钠是强碱弱酸盐,其水溶液具有碱性:

$$CO_3^{2-} + H_2O \rightleftharpoons HCO_3^- + OH^-$$

铝与碱反应放出氢气:

$$2Al + 2OH^- + 2H_2O \longrightarrow 2AlO_2^- + 3H_2\uparrow$$

2. 实验用品:饱和碳酸钠溶液、氢氧化钠、铝片、锥形瓶、胶塞、玻璃管。

3. 实验步骤:

(1) 把 100 mL 饱和碳酸钠溶液倒入 250 mL 锥形瓶中,再加入约一药匙氢氧化钠固体,振荡,使之溶解。

(2) 取约 20 g 的铝片投入瓶内并振荡,反应开始较慢,随后逐渐加快并放热,气体通过玻璃管导出(实验装置见图 10-3)。开始时气体带有水分,过一会儿水蒸气凝成液体流入玻璃管内,一般不影响气球升空。如有条件,中间可连一个干燥管,内装无水氯化钙或生石灰块,这样便可得到干燥的氢气。

(3) 把气球从玻璃管上取下,用线束好。如此接连不断可充许多个氢气球。

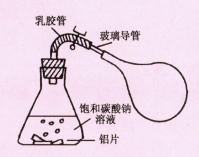

图 10-3 简法充氢气球

4. 说明:

(1) 若锥形瓶中的反应过慢,可用热水加热;若反应太剧烈,可放入冷水中降温。

(2) 可用铝制牛奶瓶盖、铝制边角料等作为铝片的代用品。

*实验十一 酚醛树脂的制取 几种塑料、纤维的鉴别 胶黏剂的使用

一、预习思考

1. 什么叫缩聚反应？
2. 什么是塑料？它有哪些特性？
3. 什么是纤维？
4. 常见的胶黏剂有哪几种？

二、实验目的

1. 加深对缩聚反应和酚醛树脂制法的认识。
2. 了解塑料和纤维的燃烧鉴别方法。
3. 学会几种胶黏剂的使用。

三、仪器和药品

1. 仪器：大试管、带长玻璃导管（约 30 cm）的橡皮塞、铁架台、酒精灯、蒸发皿、量筒。
2. 药品：苯酚（含苯酚 94%）、甲醛溶液（36%～40%）、浓盐酸、浓氨水、酚醛树脂、聚氯乙烯、聚苯乙烯、聚酰胺纤维、聚对苯二甲酸乙二醇酯、聚乙烯醇、万能胶、苯酚胶黏剂。

四、实验内容与步骤

1. 酚醛树脂的制取。
 (1) 在大试管中加入 2.5 g 苯酚和 2.5 mL 40%甲醛溶液，再加入 1 mL 浓盐酸。
 (2) 大试管用带玻璃导管的塞子塞好，在水浴中加热，一会儿就可以看到混合物开始剧烈沸腾。等剧烈反应结束后,继续加热,直到混合物变浑浊,生成不溶于水的树脂。从水浴中取出试管,使它冷却,再把试管中的混合物倒入蒸发皿中,静置后分成两层,倒去上面的一层水,下层物质就是酚醛树脂。

(3) 再取1支试管,内盛2.5 g苯酚和3~4 mL甲醛溶液,在水浴中加热,并以1 mL浓氨水代替上述实验中加入的浓盐酸。按照实验步骤(2)进行操作,也可制得酚醛树脂。

用酸和碱作催化剂合成的酚醛树脂有何不同?_____
_____;
_____。

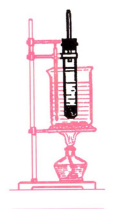

图 11-1 酚醛树脂的制取装置

2. 几种塑料的鉴别方法(在通风橱内操作)。

取少量酚醛塑料、聚氯乙烯塑料、聚苯乙烯塑料样品,按以下步骤进行燃烧实验,并仔细观察现象。

(1) 酚醛塑料在燃烧时速度_____(填"很慢"或"快"),会膨胀起裂,其火焰呈_____色,带有木材和_____的气味,离开火焰_____(填"继续燃烧"或"即熄灭")。

(2) 聚氯乙烯塑料_____(填"易"或"不易")燃烧,其火焰呈_____色,下端显_____色,燃烧时会软化,并有特殊的气味,离开火焰_____(填"继续燃烧"或"即熄灭")。

(3) 聚苯乙烯塑料_____(填"易"或"不易")燃烧,燃烧时变软,其火焰呈_____色,有黑烟,带有芳香的气味,离开火焰_____(填"继续燃烧"或"即熄灭")。

注:实验中的酚醛塑料(俗称胶木)可取自各种灯头、开关,聚氯乙烯塑料可取自塑料电线包皮和较厚的塑料布,聚苯乙烯塑料可取自牙刷柄、塑料盒等。

3. 几种纤维的鉴别方法。

用燃烧法鉴别几种纤维,下面的表格中列出了3种纤维燃烧时的气味,请再注意观察它们的燃烧性(燃烧时的难易程度)、试样外形变化和火焰特点,将观察结果填入表中。

纤维类别	燃烧性	试样外形变化	火焰特点	分解出气体气味
聚酰胺纤维(锦纶)				烧头发、羊毛味
聚对苯二甲酸乙二醇酯(涤纶)				甜味、芳香味
聚乙烯醇(维纶)				刺激性气味

注:锦纶纤维制品,如尼龙线、丝袜;涤纶纤维制品,如涤纶布、绳索;维纶纤维制品,如包装材料、胶管。

4. 几种胶黏剂的使用。

(1) 万能胶的使用:取两块木材,将其表面擦干净,不能有水(要干燥)。在涂胶前最好用汽油将表面擦一下,然后在要接合的两个表面各涂上一薄层胶,晾至用手摸上去不发黏的时候,再涂上第二层胶,这一次可以涂得稍微厚一点。稍等片刻,就可将物体黏合起来压紧(最好用绳子捆紧),并且要经过一昼夜才能粘牢。

(2) 苯酚胶黏剂的使用:先将锦纶弹力袜洗净,晾干。剪一块比破洞略大一点、同种颜色、相同花纹的旧锦纶袜布料,用牙签或火柴梗将少许苯酚胶黏剂均匀地涂在小块布料的边缘,然后对准破洞贴紧,并在上面施加压力(可压上重物),几个小时以后即可粘牢。

注意:在使用各种胶黏剂时,不要让其接触手或口,因为它们有的有毒、有的有腐蚀性,使用后必须洗手。

附:

Ⅰ.几种常用塑料的燃烧鉴别法

名 称	燃烧的难易	离火后情况	火焰特点	燃烧时的状态变化	产生的气味
聚乙烯	易燃烧	继续燃烧	上端为黄色,下端为蓝色	熔融,滴落	燃烧蜡烛的气味
聚丙烯	易燃烧	继续燃烧	上端为黄色,下端为蓝色,有少量黑烟	熔融,滴落	石油味
聚苯乙烯	易燃烧	继续燃烧	橙黄色,有浓黑烟	软化,起泡	苯乙烯的气味
聚氯乙烯	不易燃烧	熄灭	黄色,边缘带绿色,冒白烟	软化,能拉丝	氯化氢刺激性气味
聚甲基丙烯酸甲酯(有机玻璃)	难着火,但能缓慢燃烧	继续燃烧	浅蓝色,顶端白色	软化,起泡	强烈的花果臭味和腐烂的水果臭味
硝化纤维素(赛璐珞)	急剧燃烧	继续燃烧	黄色	很快烧完	樟脑气味
酚醛塑料(电木)	极缓慢燃烧	熄灭	黄色,冒白烟	膨胀,有裂纹,冒黑烟	甲醛的刺激性气味和焦木味
聚四氟乙烯	不燃烧				氟化氢刺激性气味

Ⅱ.几种常见合成纤维的简便燃烧鉴别法

名 称	燃烧的难易	离火后情况	火焰特点	燃烧时的状态变化	产生的气味
锦纶(尼龙)	缓慢燃烧	熄灭	蓝黄色	边熔融边缓慢燃烧,灰烬为黑褐色玻璃球状	芥菜气味(带有烘羊毛味)
氯纶	不易燃	熄灭	黄色,下端绿色	软化	氯化氢刺激性气味
涤纶	易燃	燃烧	亮黄色,头上发蓝黑色	边熔融边冒黑烟,灰烬为黑褐色玻璃球状	芳香气味
腈纶	难燃	熄灭	火焰有闪光	边收缩熔融边燃烧,灰烬是脆的黑色硬球	酸的气味

Ⅲ. 几种橡胶的鉴别方法（相对密度法及燃烧法）

橡胶的种类	相对密度	燃烧难易	火焰的状态	试片的状态	臭味
天然橡胶	0.91~0.92	易	黑烟、暗黄色	软化	橡胶特有的臭味
丁苯橡胶	0.93~0.94	易	黑烟、暗黄色	软化	苯乙烯臭味
丁腈橡胶	0.97~1.00	易	黑烟、暗黄色	软化	蛋白质燃烧的臭味
氯丁橡胶	1.23~1.25	稍难	黑烟、暗黄色	软化	氯化氢臭味
丁基橡胶	0.91~0.92	易	无烟、蜡烛的火焰状态	软化	似甜味
聚硫橡胶	1.3~1.6	易	无烟、如燃烧硫黄的状态	—	二氧化硫臭味
硅橡胶	0.75~0.97	易	白烟	软化	—
氟橡胶	1.85~2.12	难	—	—	—

注：相对密度法又称浮沉法。一般相对密度为0.90~1.00的，可用已知相对密度的水-乙醇混合液测出；相对密度1.00以上的，则须预先配制好氯化钙溶液，把试片浸入其中，根据试片的浮沉状态决定其相对密度。必须注意，若橡胶中配有填料等，则其相对密度会发生变化。

实验十二　铅蓄电池

一、预习思考

铅蓄电池的充电和放电原理。

二、实验目的

1. 了解铅蓄电池的充电和放电原理。
2. 学会制作简易铅蓄电池。

三、仪器和药品

1. 仪器：烧杯、直流电源(6 V)、导线、鱼嘴夹、电珠(2.5 V)。
2. 药品：3 mol·L^{-1} H$_2$SO$_4$ 溶液、铅片。

四、实验内容与步骤

1. 取一烧杯，清洗干净，注入 25 mL 3 mol·L^{-1} H$_2$SO$_4$ 溶液。
2. 将 2 块铅片分别浸入 H$_2$SO$_4$ 溶液内，并用鱼嘴夹夹住。接上直流电源，在约 6 V 的电压下充电(装置见图 12-1)。
3. 发现两极上有_____产生。当正极一方的铅片呈暗红色时，将电源切断。
4. 在两极间接上 2.5 V 电珠，电珠_____。
5. 当电珠暗淡时，将铅蓄电池的正极(暗红色的铅片)与直流电源_____一端连接，将铅蓄电池的负极与直流电源_____一端连接，再进行充电。然后再连上电珠，电珠_____。

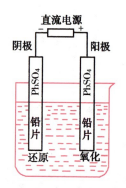

图 12-1　铅蓄电池充电示意图

*实验十三　水中常见离子的检验及硬水软化

一、预习思考

1. 硬水、软水与纯净水有什么区别？
2. 如何准备和使用滴定管？对滴定管来说"正好 10 毫升"的体积，应表示为 10.00 mL、10.0 mL 还是10.0000 mL？

二、实验目的

1. 掌握用离子交换树脂将自来水制备成软化水的基本方法和操作。
2. 学会检验自来水和软化水的简易方法，进而明确自来水和软化水在组成、性质和应用上的差别。

三、实验原理

1. 水中常见离子的检验原理。

自来水中含有少量的 Ca^{2+}、Mg^{2+}、Cl^-、SO_4^{2-}、Fe^{3+}、HCO_3^-、CO_3^{2-} 等多种离子，可以用多种方法检验自来水中是否存在上述离子。如检验 Cl^- 可以用 $AgNO_3$ 法（经稀 HNO_3 酸化），检验 SO_4^{2-} 可用 $BaCl_2$ 法（经稀 HNO_3 酸化），检验 Fe^{3+} 可用 NH_4SCN 法。

检验 Ca^{2+}、Mg^{2+} 可用 Na_2CO_3 溶液或肥皂水，但这种方法灵敏度较低。实验室检验 Ca^{2+}、Mg^{2+} 一般用铬黑 T（配位剂），它在 pH≈10 的 NH_3-NH_4Cl 缓冲溶液中，能与 Ca^{2+}、Mg^{2+} 形成红色配合物，红色越深，说明 Ca^{2+}、Mg^{2+} 浓度越大，水的硬度越高。反应方程式可表示如下：

$$Ca^{2+}(Mg^{2+}) + \text{铬黑 T（蓝色）} \xrightarrow{NH_3\text{-}NH_4Cl \text{ 缓冲溶液}(pH≈10)} \text{配合物（红色）}$$

软化水或纯水中几乎没有 Ca^{2+}、Mg^{2+}，故加入铬黑 T 后，溶液不呈红色而呈蓝色（铬黑 T 本身的颜色）。

2. 硬水及其软化。

工业上把含有较多钙、镁离子的水称为硬水,而将含有少量或不含钙、镁离子的水称为软水。钙和镁的化合物在自然界分布极为广泛,因此,天然水中除雨雪外,地面水特别是地下水,一般都含有钙和镁的碳酸氢盐、硫酸盐、氯化物等杂质。

硬水对工业生产的危害很大。如果以硬水作为锅炉用水,则水中的碳酸氢钙、碳酸氢镁在受热时转变成碳酸钙和碳酸镁沉淀:

$$Ca(HCO_3)_2 \xrightarrow{\triangle} CaCO_3 \downarrow + H_2O + CO_2 \uparrow$$

$$Mg(HCO_3)_2 \xrightarrow{\triangle} MgCO_3 \downarrow + H_2O + CO_2 \uparrow$$

碳酸镁在加热时生成溶解度更小的氢氧化镁:

$$MgCO_3 + H_2O \xrightarrow{\triangle} Mg(OH)_2 \downarrow + CO_2 \uparrow$$

微溶于水的硫酸钙在温度升高时溶解度更小。因此,在热锅炉中会析出质地坚硬、黏结性强的硫酸钙。硫酸钙再黏结其他沉淀物牢固地附在锅炉壁上,形成坚固的水垢。水垢的形成不仅阻碍传热,多耗燃料,并且容易造成锅炉局部过热而损坏,甚至发生爆炸。此外,硬水对工业产品的质量也有很大的影响。例如,染色时用硬水,则色泽不匀,不易着色;造纸时用硬水,则纸有斑点等。日常生活中也不宜用硬水洗涤衣物,因为肥皂中的可溶性脂肪酸钠遇 Ca^{2+}、Mg^{2+} 等离子可转变成不溶性沉淀(脂肪酸钙或脂肪酸镁),不仅浪费肥皂,而且会沾污衣物。

硬水分为暂时硬水和永久硬水两种。含有钙、镁离子的酸式碳酸盐的硬水称为暂时硬水。因为当水煮沸时酸式碳酸盐可形成不溶于水的沉淀,从而使水中的钙、镁离子得以除去。

含有钙、镁离子的硫酸盐或氯化物的硬水称为永久硬水。它们不能用加热煮沸的方法除去钙、镁离子,也就是不能用煮沸法使硬水软化。通常的硬水中大多含有上述盐类。

使用硬水前,采取一定的方法减少硬水中钙盐和镁盐含量的过程称为硬水的软化。

硬水软化的方法通常有两种:化学软化法和离子交换法。

(1) 化学软化法。

化学软化法是指在水(如自来水)中加入化学试剂,使水中溶解的钙盐、镁盐变成沉淀物从水中析出,从而达到除去钙、镁等离子的目的。例如:

① 石灰纯碱法:将消石灰[$Ca(OH)_2$]和纯碱(Na_2CO_3)的混合物加入欲软化的硬水中,使钙盐、镁盐等生成沉淀而除去。这种方法操作比较复杂,软化的效果也较差,但成本低,适用于对大量硬度较大的水做初步处理。

② 磷酸盐法:在蒸汽机车上,通常在水中加入一定量的磷酸钠(Na_3PO_4)或磷酸氢二钠(Na_2HPO_4),使 Ca^{2+}、Mg^{2+} 沉淀出来,以达到软化目的,其主要反应如下:

$$3CaSO_4 + 2Na_3PO_4 === Ca_3(PO_4)_2 \downarrow + 3Na_2SO_4$$

$$3MgSO_4 + 2Na_3PO_4 === Mg_3(PO_4)_2 \downarrow + 3Na_2SO_4$$

这种方法的优点是不需要将产生的沉淀除去,就可以直接进入锅炉内使用,因为钙与镁的磷酸盐沉淀颗粒松散,呈棉絮状,不会在锅炉内形成锅垢。此外,产生的沉淀还能与已形成的锅垢作用,使其逐渐松软而脱落,并能与锅壁形成磷酸盐保护膜,保护锅炉不受腐蚀,延长锅炉的使用寿命。

(2) 离子交换法。

首先,将需软化的硬水(如自来水)通过阳离子交换树脂(用 HR 或 RH 表示),交换反应如下:

$$2HR + Ca^{2+} \longrightarrow CaR_2 + 2H^+$$
$$(\text{或 } Mg^{2+})(\text{或 } MgR_2)$$

这样,水中的 Ca^{2+}、Mg^{2+} 等阳离子就和阳离子树脂上的 H^+ 进行了交换。

再将需软化的水(已通过阳离子交换树脂的水)继续通过阴离子交换树脂(用 R′OH 表示),交换反应如下:

$$R'OH + Cl^- \longrightarrow R'Cl + OH^-$$
$$\text{或 } 2R'OH + SO_4^{2-} \longrightarrow R'_2SO_4 + 2OH^-$$

而交换进入水中的 OH^- 又与 H^+ 结合成 H_2O,促使交换反应正常进行。此法可得到极纯净的水,称为去离子水。

离子交换树脂使用一段时间后,会失去交换能力。通常可用一定浓度的盐酸处理阳离子交换树脂,用一定浓度的 NaOH 溶液处理阴离子交换树脂,可使其恢复交换能力,这个过程叫作离子交换树脂的再生。

四、仪器和药品

1. 仪器:试管、大试管、25 mL 碱式滴定管(每两人一套)、阴离子和阳离子交换树脂(事先装于滴定管中)。

2. 药品:$0.1\ mol \cdot L^{-1}\ AgNO_3$、$NH_4SCN$、$Na_3PO_4$、$BaCl_2$ 溶液,$2\ mol \cdot L^{-1}\ HNO_3$、$Na_2CO_3$ 溶液,0.5%铬黑T溶液,NH_3-NH_4Cl 缓冲溶液。

五、实验内容与步骤

1. 自来水中的 Ca^{2+}、Mg^{2+}、Fe^{3+}、Cl^- 和 SO_4^{2-} 的定性检验。

(1) 取 3~5 mL 自来水样于试管中,加 3 mL NH_3-NH_4Cl 缓冲溶液和 1~2 滴 0.5%铬黑T指示剂,摇匀,溶液呈_____色,说明水样中有_____存在。

(2) 取 3~5 mL 自来水样于试管中,加 3~5 滴 $0.1\ mol \cdot L^{-1}\ AgNO_3$ 溶液,2~3 滴 $2\ mol \cdot L^{-1}\ HNO_3$ 溶液,摇匀,放置片刻,仔细观察可发现_____(填"有"或"无")白色浑浊,证明水样中_____(填"有"或"无")Cl^- 存在。

(3) 取 3 mL 自来水样于试管中,加数滴 $0.1\ mol \cdot L^{-1}\ BaCl_2$ 溶液,摇匀,放置片刻,仔细观察可发现_____(填"有"或"无")白色浑浊,证明水样中_____(填"有"或"无")SO_4^{2-} 存在。

(4) Fe^{3+} 的检验(选做本实验者自行拟定实验步骤,经指导老师认可后进行操作)。

实验步骤：_____。
可观察到的现象：_____，结论：_____。

2. 硬水的软化。

(1) 化学软化法。

在试管中加入 5 mL 自来水，再加入 0.1 mol·L^{-1} Na$_3$PO$_4$ 溶液 10 滴，摇匀，静置片刻，观察到_____现象，说明_____。

(2) 离子交换法（装置见图 13-1）。

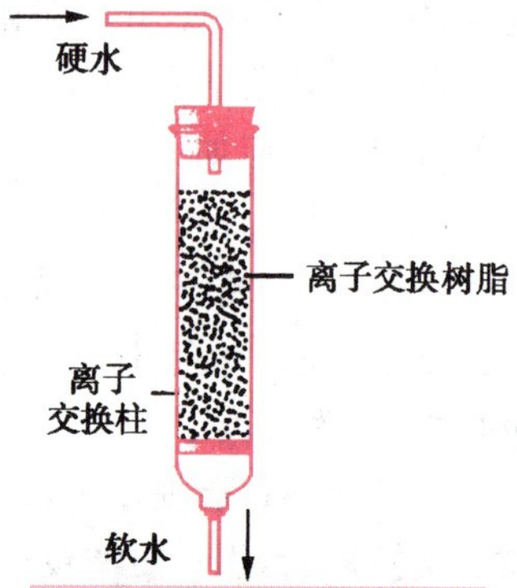

① 交换：将自来水缓慢注入装有阳离子交换树脂的交换柱中，调节螺旋夹，使交换过的水由滴定管滴入烧杯中，弃去先滴出的 10 mL 水。然后将收集到的水注入装有阴离子交换树脂的交换柱中，调节螺旋夹，使交换过的水滴入烧杯中，同样弃去先滴出的 10 mL 水。

② 检验：可以将交换前后的水进行对比检验。取交换前后的水各 10 mL，置于大试管中，分别加入 3 mL NH$_3$-NH$_4$Cl 缓冲溶液，再加入 2～3 滴 0.5％铬黑 T 指示剂。振荡摇匀后，如果溶液呈蓝色，说明水中的 Ca^{2+}、Mg^{2+} 基本除去；如果溶液呈红色，说明水中仍有较多 Ca^{2+}、Mg^{2+}。同时也可检验是否存在 Fe^{3+}、SO$_4^{2-}$、Cl$^-$ 等离子，以证明水的纯度。

图 13-1 用离子交换树脂软化硬水装置

③ 记录：自来水和铬黑 T 显_____色；用离子交换树脂处理后，水和铬黑 T 显_____色，说明_____。

实验十四　几种工业废水的处理

一、预习思考

1. 水的污染有哪些？各有什么危害？
2. 水污染防治的方法有哪些？

二、实验目的

了解常见工业废水的处理方法。

三、仪器和药品

仪器：烧杯、玻璃棒。
药品：$FeSO_4 \cdot 7H_2O$、$Ca(OH)_2$、KI-淀粉指示剂、NaClO 溶液或氯水、$Na_2S_2O_3$、Na_2S、$Fe_2(SO_4)_3$。

四、实验内容与步骤

1. 含硫废水的处理。

取含硫废水适量于烧杯中，加入 $FeSO_4 \cdot 7H_2O$ 和 $Ca(OH)_2$，充分混合均匀，使废水的 pH 为 8～9，此时绿矾与废水中的硫化物互相作用，生成硫化亚铁沉淀，使水得到净化。

实验现象：_____。
反应方程式：_____。
说明：该法适用于含硫化物浓度较高的废水的处理。

2. 含氰废水的处理。

往盛有含氰废水的烧杯中加入 $Ca(OH)_2$，使废水的 pH 为 11 左右，然后慢慢加入 NaClO 溶液或氯水，边加边用 KI-淀粉指示剂检查，当指示剂显色时，停止加氯。放置约 30 分钟后，再加入适量 $Na_2S_2O_3$，以除去过量的氯，这样含氰废水就得以净化。

实验现象：_____。
反应方程式：_____。

说明：上述处理技术比较成熟，已经广泛地应用于浓度较低的含氰废水的处理。除氰化镍以外，这种方法对几乎所有氰化物都表现出很好的净化效果。

3. 含汞废水的处理。

在含汞废水中，加入过量的 Na_2S 搅拌，再加入 $Fe_2(SO_4)_3$，静置后经分离即可。

实验现象：_____。
反应方程式：_____。

说明：硫化铁沉淀物的相对密度大，易沉降，在其沉降过程中把原来难以沉降的硫化汞微粒吸附在表面，共同沉淀下来。

附录

一些试剂的配制

试剂名称	浓度	配制方法
三氯化铁 $FeCl_3$	$0.1\ mol \cdot L^{-1}$	取 27 g $FeCl_3 \cdot 6H_2O$，加入 25 mL 6 $mol \cdot L^{-1}$ HCl 溶液，搅拌溶解，然后加水稀释至 1 L
硫酸亚铁 $FeSO_4$	$0.1\ mol \cdot L^{-1}$	取 28 g $FeSO_4 \cdot 7H_2O$，溶于少量水中，加入 8 mL 6 $mol \cdot L^{-1}$ H_2SO_4 溶液，用水稀释至 1 L，然后加入几枚去油、去锈的小铁钉
硝酸汞 $Hg(NO_3)_2$	$0.1\ mol \cdot L^{-1}$	取 33.4 g $Hg(NO_3)_2 \cdot \frac{1}{2}H_2O$，溶于 1 L 0.6 $mol \cdot L^{-1}$ HNO_3 溶液中
硝酸亚汞 $Hg_2(NO_3)_2$	$0.1\ mol \cdot L^{-1}$	取 56.1 g $Hg_2(NO_3)_2 \cdot 2H_2O$，溶于 1 L 0.6 $mol \cdot L^{-1}$ HNO_3 溶液中，然后加入少量金属汞
氢硫酸（H_2S 饱和液）	约 $0.1\ mol \cdot L^{-1}$	将 H_2S 气体缓慢地通入水中，直至饱和
硅酸钠 Na_2SiO_3	$\rho = 1.06$	将市售硅酸钠（水玻璃）液体（$\rho = 1.52$）用水按下列体积比稀释：水玻璃∶水 = 1∶(9～10)
醋酸铅 $Pb(Ac)_2$	$0.1\ mol \cdot L^{-1}$	取 38 g $Pb(Ac)_2 \cdot 3H_2O$，溶于约 100 mL 水及 5 mL 6 $mol \cdot L^{-1}$ HAc 溶液中，然后加水稀释至 1 L
硝酸铅 $Pb(NO_3)_2$	$1\ mol \cdot L^{-1}$	取 331 g $Pb(NO_3)_2$，溶于 600 mL 水及 70 mL 6 $mol \cdot L^{-1}$ HNO_3 溶液中，然后加水稀释至 1 L
硫化铵 $(NH_4)_2S$	$3\ mol \cdot L^{-1}$	取 200 mL 浓氨水，缓慢通入 H_2S 气体直至饱和，再加 200 mL 浓氨水后，加水稀释至 1 L
氯化亚锡 $SnCl_2$	$0.1\ mol \cdot L^{-1}$	取 22.6 g $SnCl_2 \cdot 2H_2O$，溶于 330 mL 6 $mol \cdot L^{-1}$ HCl 溶液中，然后加水稀释至 1 L
氨-氯化铵缓冲溶液 NH_3-NH_4Cl	pH = 10	取 20 g NH_4Cl 溶于 50 mL 水中，再加 100 mL 浓氨水混合均匀，然后加水稀释至 1 L
氯水		在水中缓慢通入氯气直至饱和，保存于磨口瓶中，保存时间最长可达 3～6 日
碘水	$0.01\ mol \cdot L^{-1}$	取 5 g KI 溶于 20 mL 水中，再加入 2.6 g I_2，经搅拌全溶后，加水稀释至 1 L
奈斯勒试剂		取 50 g KI 溶于 50～100 mL 水中，分次加入 57.5 g HgI_2，经搅拌全溶后，加水稀释至 250 mL，然后再加入 250 mL 6 $mol \cdot L^{-1}$ NaOH 溶液，静置后，取清液保存于棕色瓶中
淀粉溶液	质量分数 0.5%	取 1 g 淀粉和 5 mg HgI_2（作防腐剂）于小烧杯中，加少量水调成糊状，然后倒入 200 mL 沸水中，煮沸 20 分钟
酚酞		取 0.5 g 酚酞溶于体积分数为 95% 的乙醇中，然后稀释至 100 mL

续表

试剂名称	浓度	配制方法
甲基橙	质量分数 0.1%	取 0.5 g 甲基橙溶于 500 mL 热水中
铬黑 T 指示剂		将铬黑 T 和烘干的 NaCl 按照质量比 1:100 研细并混合均匀，保存于棕色瓶中，或取 0.5 g 铬黑 T 溶于 10 mL NH_3-NH_4Cl 缓冲溶液后，用无水乙醇稀释至 100 mL，保存于棕色瓶中，可使用一个月
钙指示剂		将钙指示剂和烘干的 NaCl 按照质量比 1:50 研细并混合均匀，保存于棕色瓶中
品红溶液	质量分数 0.1%	取 0.1 g 品红溶于 100 mL 水中
靛蓝溶液		在干燥试管中加入 1 mL 浓 H_2SO_4 和等体积的靛蓝粉，混匀，加热至开始沸腾为止，冷却后加入 200 mL 水中
化学除油液		取 40 g NaOH、50 g Na_2CO_3 和 30 g Na_3PO_4 溶于 1 L 水中
消毒酒精	体积分数 75%	用量筒量取普通酒精(体积分数 95%)79 mL，加水到 100 mL
三硫化二锑溶胶 Sb_2S_3		在质量分数为 0.4% 的酒石酸锑钾溶液中通入硫化氢气体至溶液呈红色
鸡蛋清溶液		取鸡蛋 1 个，将蛋液倒入表面皿中，弃去蛋黄，将蛋清放入烧杯中，用 10 倍蒸馏水稀释，充分搅拌后，再用放有脱脂棉的漏斗过滤
鸡蛋清氯化钠溶液		同上，将蒸馏水改成生理盐水(9 g·L^{-1} NaCl 溶液)
水合茚三酮试剂		将 0.1 g 水合茚三酮溶于 50 mL 水中，两天内用完